环艺设计手绘

景观/室内马克笔
手绘效果图技法精解

王美达 姜文博 路永 著

人民邮电出版社

北 京

图书在版编目（CIP）数据

环艺设计手绘：景观/室内马克笔手绘效果图技法精解 / 王美达，姜文博，路永著. -- 北京：人民邮电出版社，2024.2
ISBN 978-7-115-62391-1

Ⅰ．①环… Ⅱ．①王… ②姜… ③路… Ⅲ．①景观设计－绘画技法②室内装饰设计－绘画技法 Ⅳ．①TU986.2②TU204.11

中国国家版本馆CIP数据核字(2023)第154781号

内 容 提 要

本书对环艺设计手绘从线稿绘制到马克笔表现的技法进行系统而翔实的讲解。全书按照手绘教学的流程，从手绘工具、线条、透视等内容讲起，由浅入深地讲解马克笔的运用、光影训练、质感表达，以及配景、家具训练等，最后通过连贯的流程演绎不同规模场景的景观、室内效果图马克笔手绘方法。在讲解中，还融入了光影分析法、卡黑法、色粉揉擦法等新颖且实用的手绘技巧。书中各知识点在手绘全程实景拍摄演示的基础上，辅以大量技法提示、色标展示、延伸模块等，增加对手绘细节的解读。每一讲都包含适量的手绘作业，便于学习者巩固和拓展手绘技能。

随书附赠实例、作业效果图和优秀作品赏析，便于读者巩固所学知识，并加强练习。另外，还提供了一套与本书同步的PPT教学课件，方便教师授课使用。

本书适合环境艺术、室内设计、建筑装饰、风景园林等相关专业的在校生、相关领域的设计师和手绘爱好者学习和参考，不论手绘基础如何，阅读本书均会有一定的收获。

- ♦ 著　　　　王美达　姜文博　路　永
  责任编辑　张丹阳
  责任印制　马振武

- ♦ 人民邮电出版社出版发行　　北京市丰台区成寿寺路 11 号
  邮编　100164　电子邮件　315@ptpress.com.cn
  网址　https://www.ptpress.com.cn
  天津图文方嘉印刷有限公司印刷

- ♦ 开本：787×1092　1/16
  印张：11.5　　　　　　　　　　2024 年 2 月第 1 版
  字数：284 千字　　　　　　　　2024 年 2 月天津第 1 次印刷

定价：79.80 元

读者服务热线：(010)81055410　印装质量热线：(010)81055316
反盗版热线：(010)81055315
广告经营许可证：京东市监广登字 20170147 号

前言
PREFACE

手绘是人类最淳朴、最生动的表达方式之一。早在欧洲文艺复兴时期，艺术家们就已经开始运用手绘草图设计宏伟的建筑。随着现代设计行业的发展，手绘再次受到广大设计者的重视，尽管高水准的手绘作品仍然属于技艺高超的艺术家，但零基础和基础薄弱的手绘者只要按照正确的方法坚持训练一段时间，也可掌握手绘技巧，获得随心创作和表现造型的能力。

本书全面贯彻党的二十大精神，以社会主义核心价值观为引领，传承中华优秀传统文化，坚定文化自信，使内容更好地体现时代性、把握规律性、富于创造性。书中总结了笔者20年来手绘教学和手绘设计经验，以负责的态度和清晰的表达方式，由浅入深地讲解景观与室内手绘从线稿绘制到马克笔表现的技法，并将多种手绘技巧融入范图的步骤讲解中。在理论构架方面，本书从手绘工具、线条、透视等内容讲起，陆续讲解马克笔的运用、光影训练、质感表达、室外配景训练、室内家具训练等，最后通过连贯的流程演绎不同规模场景的景观和室内效果图马克笔手绘表现方法。在实践训练方面，本书采用手绘过程实景拍摄的方法，使读者能够清楚地看到画面从一根线，到一个面，再到一个体的演变过程，最终形成丰富多彩的场景效果图，每个过程都配有详细的照片与讲解提示，如同看到老师的亲身示范。在适用人群方面，本书适合手绘初学者，通过由浅入深的训练过程，初学者可以逐渐巩固手绘基础，在自信不断增强的状态下轻松突破手绘门槛，掌握景观、室内手绘马克笔表现的技法。具备一定手绘基础的读者通过阅读本书的理论内容，可以对自己的知识构架查漏补缺，完善知识体系，也可以临摹书中一些难度较高的景观、室内手绘表现作品，提高专业能力与艺术修养。建议读者仔细品读本书，并开展同步训练，必将取得意想不到的收获。

在编撰本书的过程中，笔者面临大量的图像处理与文字编辑工作，在此感谢姜文博、路永的积极配合。此外，由衷地感谢人民邮电出版社的大力支持，感谢张丹阳编辑的帮助和指导。最后，还要感谢关心我、支持我的家人和朋友们！

王美达

2023年10月

资源与支持
RESOURCES AND SUPPORT

本书由"数艺设"出品,"数艺设"社区平台(www.shuyishe.com)为您提供后续服务。

配书资源

实例、作业效果图

优秀作品赏析

PPT教学课件

资源获取请扫码

提示:微信扫描二维码关注公众号后,输入 51 页左下角的 5 位数字,获得资源获取帮助。

"数艺设"社区平台,为艺术设计从业者提供专业的教育产品。

与我们联系

我们的联系邮箱是 szys@ptpress.com.cn。如果您对本书有任何疑问或建议,请您发邮件给我们,并请在邮件标题中注明本书书名及ISBN,以便我们更高效地做出反馈。

如果您有兴趣出版图书、录制教学课程,或者参与技术审校等工作,可以发邮件给我们。如果学校、培训机构或企业想批量购买本书或"数艺设"出版的其他图书,也可以发邮件联系我们。

关于"数艺设"

人民邮电出版社有限公司旗下品牌"数艺设",专注于专业艺术设计类图书出版,为艺术设计从业者提供专业的图书、视频电子书、课程等教育产品。出版领域涉及平面、三维、影视、摄影与后期等数字艺术门类,字体设计、品牌设计、色彩设计等设计理论与应用门类,UI设计、电商设计、新媒体设计、游戏设计、交互设计、原型设计等互联网设计门类,环艺设计手绘、插画设计手绘、工业设计手绘等设计手绘门类。更多服务请访问"数艺设"社区平台www.shuyishe.com。我们将提供及时、准确、专业的学习服务。

目录
CONTENTS

第 1 讲

手绘准备工具与线条训练

"工欲善其事，必先利其器。"随着国内手绘领域的发展，环艺设计手绘的工具已然呈现多元化趋势。在面对众多品牌和各种不同的工具时，很多初学者可能会感到困惑。为了帮助大家解决这一问题，笔者将分享十余年手绘教学中使用的工具套装，书中所有实例都是使用这套工具进行创作的。环艺设计手绘是一个严谨的表达形式，其中线稿是手绘图的骨架，马克笔着色则是手绘图的血肉。而线条作为线稿的主要组成部分，堪称手绘图的灵魂。学习手绘需要从线条开始练习。

学习目标

通过本讲，读者将了解本书推荐的全套手绘工具，并理解其使用特点，进而通过练习掌握手绘线条的要领。

学习重点

重点学习各种线条的绘制方法和绘制技巧。

1.1 手绘工具

工具作为环艺设计手绘的载体，通常可分为三大类别：画笔、纸张、辅助工具。

1.1.1 画笔

◉ 铅笔

铅笔是环艺设计手绘前期的必备工具，特别是对于初学者来说，通过反复修改铅笔痕迹，可以在画面中找到合理的构图、准确的透视、良好的比例等，进而为塑造理想的画面效果夯实基础。一般来说，HB 和 B 硬度的铅笔比较适合起稿。

◉ 签字笔

笔者手绘线稿时倾向于使用签字笔，在此为大家推荐三菱 AIR 签字笔（以下简称签字笔）。建议购买 0.5mm 和 0.7mm 两种规格的黑色笔各一支。0.5mm 签字笔（下图右侧的笔）较为适合在 A4 幅面的纸张上绘制造型轮廓和主要结构；0.7mm 签字笔（下图左侧的两支笔）较为适合在 A3 幅面的纸张上绘制造型轮廓和主要结构，也适合用于加粗 A4 幅面上的线条。

◉ 中性笔

中性笔适用于手绘基础训练、草图训练、简单线稿手绘训练等。中性笔通常具有子弹头型或针管型笔尖，书写流畅，笔迹干得快，但是一般的中性笔在较厚的铅笔稿上加墨线时容易出现堵笔现象，影响线条的流畅度。为此，推荐使用白雪牌直液式中性笔，该笔可以轻松覆盖铅笔稿，且价格便宜。此外，一些进口品牌的直液式中性笔，如百乐、三菱等，也具备覆盖铅笔稿的能力，但价格稍贵。

◉ 点柱笔

点柱笔最初在建筑设计方案绘图中使用，用于快速涂黑柱子和墙体等结构。该笔有两头，较粗一头用来点柱子，较细一头用来加粗外轮廓线。在环艺设计手绘中，该笔可在原有用途的基础上，用于马克笔着色初期的"卡黑"（本书 6.1 节将进行详细介绍）环节，以增强画面对比度，为后续的马克笔渲染奠定基础。笔者常用斯塔双头点柱笔。

● 马克笔

马克笔是环艺设计手绘中的主要工具之一，分为油性马克笔、酒精性马克笔、水性马克笔三类。油性马克笔速干、耐水，具有良好的耐光性，颜色多次叠加也不会损伤纸张；酒精性马克笔可在光滑表面书写，速干、防水、环保；水性马克笔的特点是颜色亮丽且具有透明感，但多次叠加颜色后会变灰，而且容易损伤纸面。这三类马克笔的表现效果各有特色，本书将重点介绍酒精性马克笔的使用方法。在各种品牌的马克笔中，法卡勒马克笔的高级灰色系列种类较多，且色相较正，因此推荐使用法卡勒一代马克笔作为环艺设计手绘的着色工具。

1.1.2 纸张

在环艺设计手绘中，应根据不同的训练内容选择不同的纸张。进行线条、透视、配景等基础线稿训练时，因为练习量大、重复度高、无须收藏，可以使用 70g 或 80g 的普通打印纸反复训练；需要进行马克笔上色练习时，考虑到颜色具有透明性和洇渗性等特点，应选择较厚的肯特纸或白卡纸（建议选用 180g 以上的纸张），纸面应保持洁白不偏色，以便真实呈现色彩效果；使

用色粉笔进行辅助渲染时，最好选用素描纸等表面较为粗糙的纸张，这样在揉擦色粉时可以更均匀地扩散；绘制特殊效果时，可使用灰卡纸、黑卡纸、牛皮纸等有色画纸，以营造背景的氛围。

1.1.3 辅助工具

● 彩色铅笔

彩色铅笔虽然也是画笔，但在环艺设计手绘中，其作用是配合马克笔丰富画面层次、渲染场景氛围、刻画材料质感、表现特殊光效等，而不是独立用于上色，因此将其归类为辅助工具。彩色铅笔分为油性和水溶性两种。油性彩色铅笔色彩较鲜艳且不溶于水。水溶性彩色铅笔色彩较柔和，蘸水后可呈现水彩效果。推荐使用辉柏嘉牌48 色水溶性彩色铅笔。

● 色粉笔

色粉笔，也被称为软色粉，是一种用颜料粉末制成的干粉笔。一般为 8 ~ 10cm 长的圆柱体或长方体，可用于绘制色粉画。色粉画，顾名思义，是一种有色彩的绘画形式，它既有油画的厚重感，又有水彩画的灵动感，作画方便且具有独特的绘画效果，深受西方画家们的推崇。色粉笔除了用于色彩绘画，还可用于提升有色纸的光感，国外许多古典风格绘画大师常以这样的方式绘画。考虑到色粉笔的特性，本书将介绍利用色粉笔绘制天空的方法，推荐使用马利牌 48 色艺术家色粉笔。

修正液、高光笔

在手绘中,修正液和高光笔不仅是修改工具,还是重要的增效工具。修正液又称涂改液、立可白,是一种白色不透明速干颜料。它不仅可以用来修正画面,还适合为画面提亮高光、制作特效。然而,修正液在绘制长线、细线时会有一定难度,必要时需借助直尺来辅助绘制。高光笔的笔尖和一次性针管笔的笔尖相似,下笔流畅,可画细长线,在深色背景上,可以表现某些细节,但是其白色的浓度不如修正液的高,因此在提炼高亮度效果方面稍显不足。在手绘中,建议大家修正液和高光笔各准备一支,以便相互借助,取长补短。关于修正液,笔者常使用派通牌 ZL72-W 4.2ml 手绘专用钢头修正液,高光笔则常用三菱 POSCA 白色补漆笔。

美工刀

美工刀可以用来削笔和裁剪画纸,特别是锋利的美工刀片可以将画错的墨线刮掉,是手绘纠错的必备工具。

画纸固定工具

推荐使用美纹纸作为画纸固定工具,美纹纸可粘贴在画纸边缘将其固定,它不伤纸面,易于撕扯,性能与操作性均优于胶带。

直尺、平行尺

尺子在环艺设计手绘中,一方面可以辅助绘制长直结构线,另一方面可在手绘后期用于辅助"修线"。具体来说,直尺可以辅助连接各种角度的线条,操作灵活;平行尺可以连续绘制平行线,有助于排版和平行线条的批量绘制。

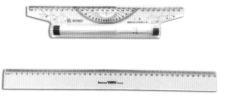

橡皮

橡皮的作用是擦拭铅笔底稿,保持画面的干净,是手绘初学者必备的辅助工具之一。

1.2 线条训练

在环艺设计手绘中，并不是能画出线条即可，还需要对线条的准确度、力度、流畅度、虚实关系、疏密关系等予以掌控。线条绘制的质量是衡量一个手绘者水平高低的主要标准。

1.2.1 徒手线条的类型

● 拖线

拖线是手绘者将笔尖轻压在纸面上，缓慢而随意地运笔完成的线条，也叫慢线、抖线。拖线以轻松、自然为美，具有节奏感和丰富的细节变化，能够体现手绘者的个人审美修养和深层次的艺术魅力。

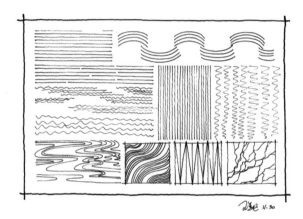

使用拖线绘制景观效果图线稿。

使用拖线绘制室内效果图线稿。

● 划线

划线是手绘者在纸上落笔后，先短程反复运笔形成粗顿的起点，然后快速将线条划过，最后停笔，形成一气呵成的笔直线条，也叫快线。划线追求直挺、锋利之美，视觉上类似于使用尺规作图的线条，具有较强的视觉冲击力，给人以紧张、规整、坚硬的感觉，同时也可以体现出手绘者的自信心。

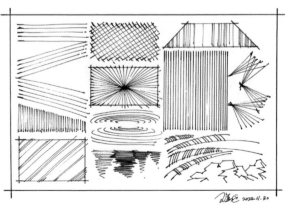

在初学划线时，因为不易掌握其平直、准确等要领，所以较难上手，但经过持续的训练并掌

握运笔的感觉之后，画面便会给人耳目一新且专业性很强的感觉。划线从设计的角度来讲，具有规整、直观的优势，但从艺术的角度来讲，其质感与内涵无法与拖线相媲美。

> **注意** 划线由于运笔过快，绘制平行线、垂直线时难度很大，因此绘制这类线条时可以借助直尺辅助绘制，以达到笔直的效果。很多环艺设计手绘效果图的线稿后期，经常用较粗的墨线笔和直尺绘制直线，以加强画面主体的结构与轮廓，从而增强画面的视觉冲击力。

使用划线绘制景观效果图线稿。

使用划线绘制室内效果图线稿。

● **树线**

除了拖线与划线，环艺设计手绘线稿中还有一类专门用于绘制植物配景的线条，本书中称之为"树线"。树线的绘制，需要灵活运笔，形成自由、随意、不规则的线条，用于描绘植物的树冠轮廓或树叶的密集结构。

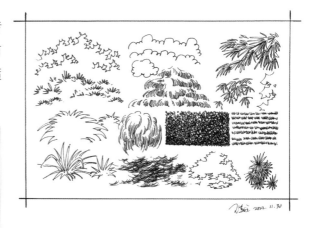

1.2.2　徒手画线的要领

看似最简单的线条，在手绘中却是最重要、最难掌握的"绘画语言"。下面将重点讲解线条在环艺设计手绘中的一些常规要领。

● **画线要一步到位**

绘画讲究用线流畅，手绘对线条更是有着严苛的要求：一条线务必从头到尾一笔画出，如果没画准，可以从头到尾再画一遍，直至画准为止，切忌用多个短笔触潦草地描绘一根线，因为那是不专业的典型表现。

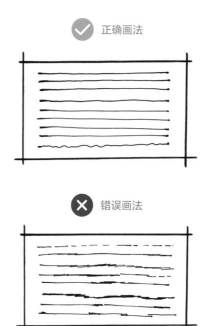

✓ 正确画法

✗ 错误画法

徒手画长直线

对于没有接受过专业训练的学生来说，徒手画好一条长直线很难，甚至有些不可思议，但只要抓住运笔要领，并多加训练，就可以顺利画好。运笔要领主要有以下四点：

① 握笔时尽量靠后，手指不要遮挡视线，注意观察笔尖与纸面接触的位置；

② 先确定画线的起点和终点，再用线连之，运笔要大胆利落，避免瞻前顾后、拖泥带水；

③ 握笔时食指用力下压，拇指放松，通过多次练习和实践，可以更容易地画出接近直线的线条；

④ 画线时手腕尽量绷直，不要扭动，通过手臂运动来带动来手和画笔。

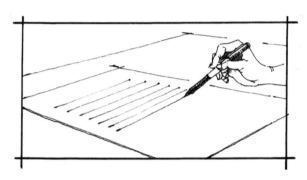

画线要有力量

一件艺术作品无论外表装饰得多么好看，如果不能给我们以力的感受，就不能称之为优秀的艺术品。环艺设计手绘中的线条也是如此。那么如何画出具备力量感的线条呢？画线时，大家可以想象弓弦或皮筋拉伸至最长时，两端变粗、中间变细的现象，正是这种粗与细的强烈对比才产生了线条的张力（弹力）。因此，在环艺设计手绘中，画线时应注意：起笔、收笔要顿笔，画线过程要放松，使线条呈现两端粗、中间细的强烈对比，以营造力量感。

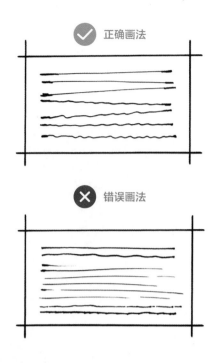

画线要大胆出头

在空间结构的绘制中，体块角点是需要重点强调的部分。处理体块角点时，将各边线条大胆地画出头，可使结构更具冲击力，兼具较强的设计感。如果各边线条刚好衔接在角点，不越雷池半步，那么画面会显得过于拘谨、没有人情味；如果各边线条没有汇聚到角点，那么结构会显得粗糙、潦草。

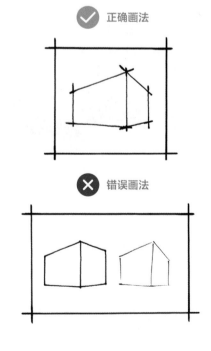

在遵循以上四项画线要领的前提下，下面分别用拖线和划线两种方法绘制几何造型，具体效果如下图所示。

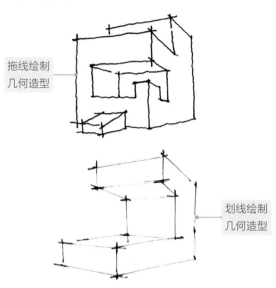

拖线绘制几何造型

划线绘制几何造型

1.2.3　徒手画线的练习方法

线条是一个最枯燥的训练项目，也是初学者练习手绘的第一课。下面为大家提供几种手绘线条的练习方法，希望能够帮助大家在训练中克服枯燥感，快速提高徒手控线能力。

两点连线训练

选用一张 A3 幅面（够大）的复印纸（经济），先在纸上选择两个距离较远的点，然后用划线或拖线的方式将两个点连接起来。

划线练习

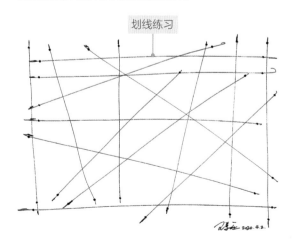

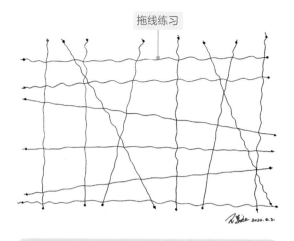

拖线练习

> **提示**
> ① 如果一笔无法连接两个点，可重新连接，直至一笔连上为止；
> ② 练习时要绘制各种角度的线条，包括水平线、垂直线、斜线，要多加练习；
> ③ 画力求挺直，注意在起笔、收笔时要顿笔，过程中要放松，形成线条两端粗、中间细的力量感。

平行线训练

平行线常用于表达形体的结构、肌理等，是环艺设计手绘中必不可少的线条。

下面主要讲解多重同心三角形的手绘方法，重点训练徒手绘制平行线的控线能力。由于徒手划线绘制平行线难度较大，因此建议大家使用拖线的方式绘制。

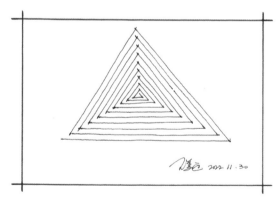

使用工具　签字笔或中性笔。

01 建议选用 1/2 张 A4 幅面的手绘纸作画。使用中性笔在纸张中心位置画出中心的三角形。

注意

该三角形不同于常规三角形，其顶点不能连接，且左斜边要出头，具体特征如下图所示。

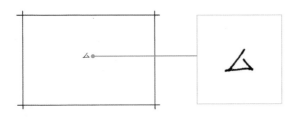

02 使用中性笔从左斜边出头的端点开始，画出三角形各边的平行线，逐步形成向外扩展的同心三角形。

绘制同心三角形各边时，先目测各条线段端点的位置，并用点标记，然后以连接两点的方式绘制与内部三角形的边相平行的外边。

03 按照步骤 02 的方法，向外扩展绘制更多的同心三角形。

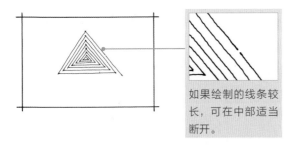

如果绘制的线条较长，可在中部适当断开。

04 绘制足够多的同心三角形，加强对长直平行线的绘制练习，完成最终图案。

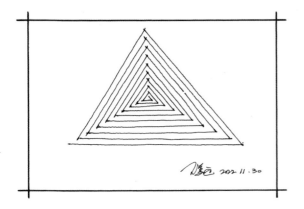

正方形阵列训练

呈行列布置的大量正方形常用于表达形体重复排列的洞口结构，如窗洞口、窗棂格、打孔装饰板等，是环艺设计手绘中常见的结构线条。

下面以徒手的方法又快又准地完成正方形阵列训练，需要按照特定的流程进行。为了保证用线准确，建议使用拖线的方式绘制。

使用工具 签字笔或中性笔。

01 建议选用 1/2 张 A4 幅面的手绘纸作画。用中性笔在纸面上徒手画出长方形外轮廓，保持横平竖直。

02 在长方形轮廓内，按照一定的间距，用中性笔画出所需载入正方形的顶边。

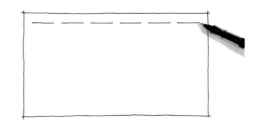

注意

要保持水平的运笔方向，一气呵成地画出，线段尽量等宽，间距力求等距。

03 参照正方形顶边的长度，用中性笔画出每个正方形的左右垂直边。

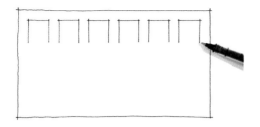

04 用中性笔画出第一行正方形的底边。

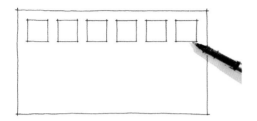

 注意 目测垂直边与水平边等长后再绘制正方形的底边，确保正方形的各边长度相等。

05 参照第一行正方形，用中性笔画出第二行、第三行正方形的所有顶边与底边。

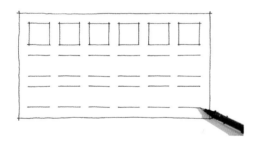

06 参照第一行正方形，用中性笔画出第二行、第三行正方形的侧边。完成最终图案。

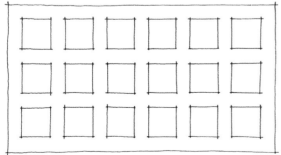

● 排线训练

在环艺手绘中，排线是表达形体肌理、明暗、光影的必备手段，是塑造形体立体感的主要方法。

下面讲解徒手排线训练的方法，重点强调排线的准确性和过渡性。为了确保排线的利落感，建议使用划线的方式绘制。

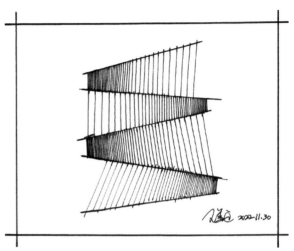

使用工具 签字笔或中性笔。

01 建议选用 1/2 张 A4 幅面的手绘纸作画。用中性笔在纸面上徒手画出各排线区的边界线。

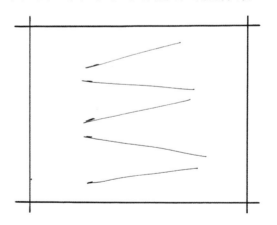

02 使用中性笔从第一个排线区较窄的左侧开始绘制，先画最密集的排线，然后逐渐向右变疏。

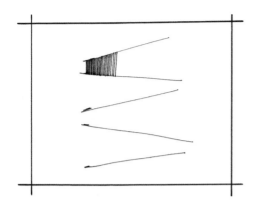

 注意 排线疏密过渡要均匀，排线与排线区结构线衔接要整齐。

04 使用直尺辅助 0.7mm 签字笔，加粗各排线区的结构线，使之清晰有力，完成最终图案。

03 按照步骤 02 的方法，画满所有的排线区。

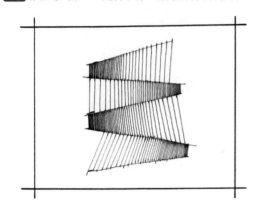

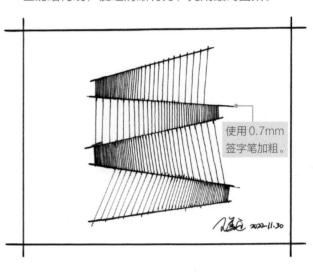

使用 0.7mm 签字笔加粗。

1.3 本讲小结

　　本讲解读了各种环艺设计手绘工具的用途和手绘线条的要点，读者应重点掌握徒手画线的要领与练习方法，以提高控线能力。课下还需加强徒手画线训练，使线条更加生动、灵活，为下一步进行透视训练打好基础。

1.4 本讲作业

　　在本讲示范内容的基础上，建议大家通过大量练习拓展徒手画线训练。在做作业时，需要按照作业的要求，使用相应类型的线条进行绘制，逐步提高线条的表现能力和应用能力。

　　本讲作业要求进行线条绘制训练，幅面以 A3 为佳。训练内容可参考后面提供的素材绘制，也可以自行寻找素材绘制。

划线训练

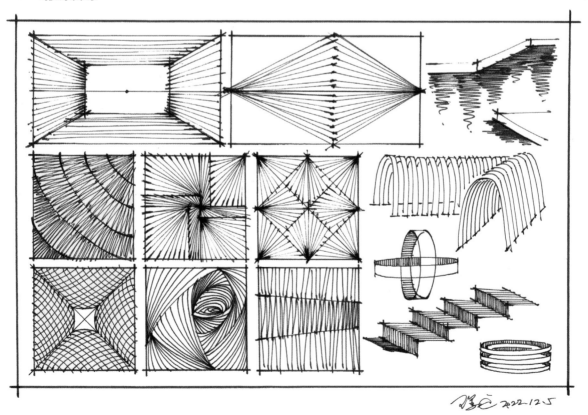

● 树线训练

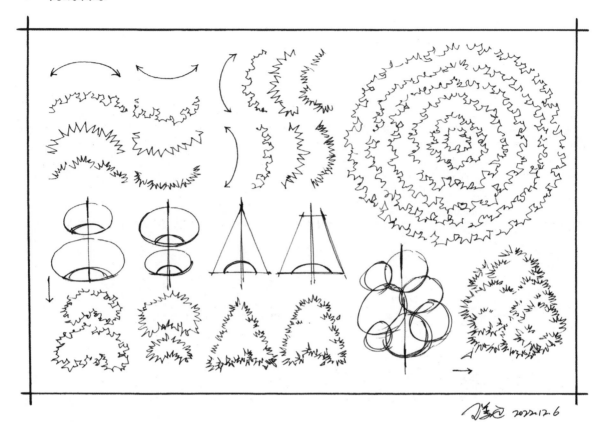

几多元 2022.12.6

● 线条综合训练

更多训练案例参见配书资源。

几多元 2022.12.6

第 2 讲

手绘透视练习

就环艺设计手绘而言，透视是绘图的基础，也是秩序和规律的体现。熟练掌握透视方法，并将其转化为自身的感觉和能力，可为后续手绘训练打下坚实的基础。

学习目标

通过本讲，读者将了解透视的基本原理和分类，熟悉透视的训练方法，结合多种小型的透视练习，掌握透视规律。

学习重点

重点学习一点透视、两点透视的原理与绘制方法，通过多样练习着重掌握透视的应用规律与绘制技巧。

2.1 透视基本原理

透视是通过透明平面观察和研究立体图形的原理、变化规律和绘画方法的一种表现方法。学习透视首先要理解透视的要素与类型。透视的要素主要包括视平线和灭点。

● 视平线

视平线是观察者观看场景时，于双眼所在高度形成的水平直线。它决定了场景在纵向视角上的变化。（见下图直线 L）

● 灭点

灭点是场景进深线延伸所产生的交点，也被称为消失点。灭点必须位于视平线上，其位置及数量的变化决定了场景在横向视角上的变化。（见下图点 O 和 O′）

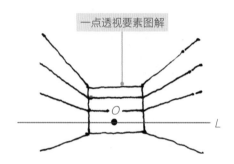

一点透视要素图解

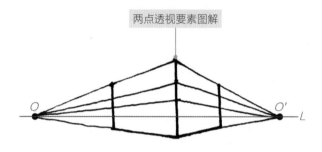

两点透视要素图解

2.2 透视分类

在环艺设计手绘中，需要重点掌握的透视类型为一点透视和两点透视。

2.2.1 一点透视

一点透视也叫平行透视，是指当场景中的主要立面存在与画面平行的面时所产生的透视现象。

● 室外空间举例分析

参照下页图中的"平面视图"，我们分别站在 A、B、C 三个位置，按照箭头所示的角度和方向观察场景（垂直于场景中主要构筑物正立面的视角观察）时，都会产生一点透视现象。具体透视效果参见下页图中各视角透视图。

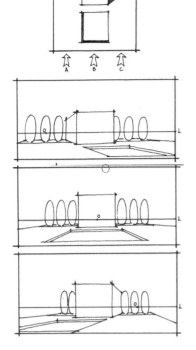

平面视图，分别从 A、B、C 三个视角观察该室外空间

A 视角透视图（直线 L 为视平线，点 O 为灭点）

B 视角透视图（直线 L 为视平线，点 O 为灭点）

C 视角透视图（直线 L 为视平线，点 O 为灭点）

● 室内空间举例分析

参照下图中的"平面视图"，我们分别站在 A、B、C 三个位置，按照箭头所示的角度和方向观察场景（垂直于场景中最内侧墙面的视角观察）时，都会产生一点透视现象。具体透视效果参见下图中各视角透视图。

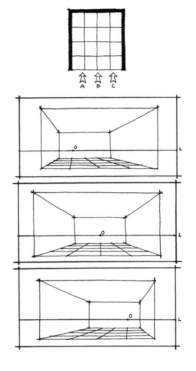

平面视图，分别从 A、B、C 三个视角观察该室内空间

A 视角透视图（直线 L 为视平线，点 O 为灭点）

B 视角透视图（直线 L 为视平线，点 O 为灭点）

C 视角透视图（直线 L 为视平线，点 O 为灭点）

提示

一点透视在视平线上只有一个灭点，适合表现空间的整体面貌。常用视角的视平线设置：室外空间视平线高度根据场景规模设置为 1~2m，室内空间视平线高度设置为 1m 左右。鸟瞰视角的视平线设置：室外空间视平线高度设置应超过主体景观顶部，室内空间视平线高度设置应超过室内的房顶高度。下图中，上面两张图为景观与室内空间的常用视角透视图，下面两张图为景观与室内空间的鸟瞰视角透视图。

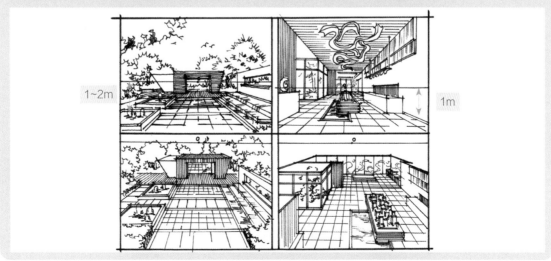

1~2m

1m

2.2.2 两点透视

两点透视也叫成角透视，是指当场景中的各主要立面与画面不平行时所产生的透视现象。

● **室外空间举例分析**

参照下图中的"平面视图"，我们分别站在A、B、C三个位置，按照箭头所示的角度和方向观察场景（以斜向角度观察场景中主要构筑物的正立面）时，都会产生两点透视现象。具体透视效果参见下图中各视角透视图。

● **室内空间举例分析**

参照下图中的"平面视图"，我们分别站在A、B、C三个位置，按照箭头所示的角度和方向观察场景（以斜向角度观察场景中最内侧墙面）时，都会产生两点透视现象。具体透视效果参见下图中各视角透视图。

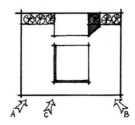

平面视图，分别从A、B、C三个视角观察该室外空间

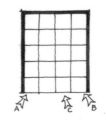

平面视图，分别从A、B、C三个视角观察该室内空间

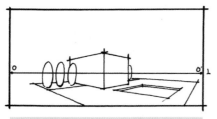

A视角透视图（直线L为视平线，点O、O′为灭点）

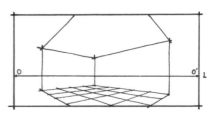

A视角透视图（直线L为视平线，点O、O′为灭点）

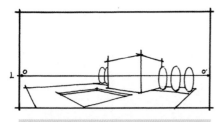

B视角透视图（直线L为视平线，点O、O′为灭点）

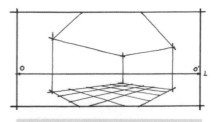

B视角透视图（直线L为视平线，点O、O′为灭点）

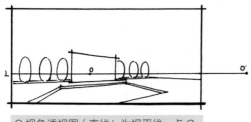

C视角透视图（直线L为视平线，点O、O′为灭点）

C视角透视图（直线L为视平线，点O、O′为灭点）

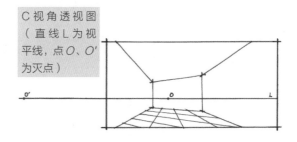

提示 两点透视在视平线上有两个灭点，适合强调空间的局部效果。常用视角的视平线设置：室外空间视平线高度根据场景规模设置为 1~2m，室内空间视平线高度设置为 1m 左右。鸟瞰视角的视平线设置：室外空间视平线高度设置应超过主体景观顶部，室内空间视平线高度设置应超过室内的房顶高度。下图中，上面两张图为景观与室内空间的常用视角透视图，下面两张图为景观与室内空间的鸟瞰视角透视图。

根据所要表达的场景特征，两点透视的两个灭点可以都在画面内，也可以都在画面外，还可以让一个灭点在画面内，另一个灭点在画面外。下图分别展示了一个灭点在画面内、一个灭点在画面外的景观与室内两点透视图。

2.3 透视训练

下面根据一点透视和两点透视的原理进行几何单体、组合体的透视造型练习，其中，几何单体训练以空间立方体训练为主要内容。

2.3.1 一点透视空间立方体训练

● 方法

准备一张 A4 纸，先在纸张纵向约 1/2 的位置画一条视平线，然后在视平线中间画一个灭点 O。开始画立方体时，先在纸面任意位置画一个正方形，然后徒手连接正方形各顶点与灭点 O，最后以正方形的边长为参照尺度，目测截取"等长"进深边，形成一个空间立方体。按照该方法，在这张纸上画更多的立方体。

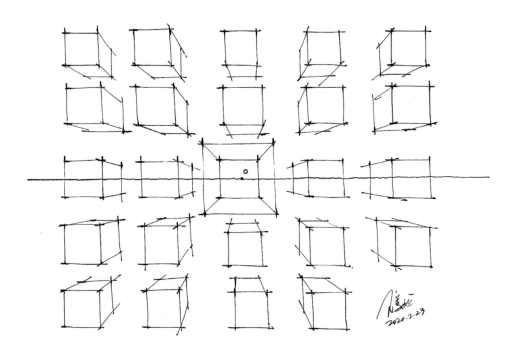

● 要点分析

根据一点透视的规律，在灭点 O 左侧的立方体将呈现右侧的立面，在灭点 O 右侧的立方体将呈现左侧的立面，且距离灭点 O 越远，侧立面将显得越宽。

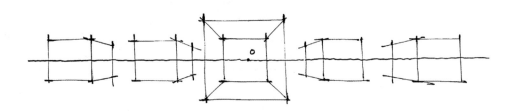

在一点透视空间中，立方体与视平线的关系：被视平线穿过的立方体，看不到顶面与底面；在视平线之上的立方体，可看到底面；在视平线之下的立方体，可看到顶面。无论底面还是顶面，距离视平线越远，显得越宽。

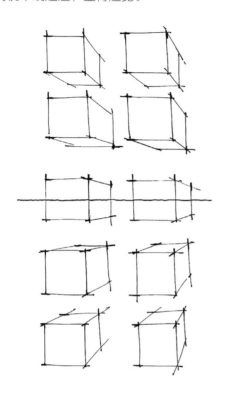

注意 最强转角线是指两点透视中立体造型距观者最近的垂直边。在绘制时，应特别注意加强这条线的表现。

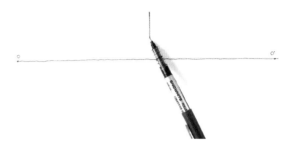

03 将最强转角线的上下端点分别朝 O 点和 O' 点引线，画足立方体边长的长度即可断开。

04 以最强转角线的长度为参照，截取立方体的左右侧面。

05 按照两点透视规律，连线来完成其他面，形成一个完整的两点透视空间立方体。

2.3.2 两点透视空间立方体训练

● 方法

01 准备一张 A4 纸，先在纸张纵向约 1/2 的位置画一条视平线，然后在视平线上分别画出灭点 O 和 O'。

02 开始画立方体，先画一条垂线，即立方体的最强转角线。

06 按照该方法，在这张纸上画出更多的立方体，完成线稿图。

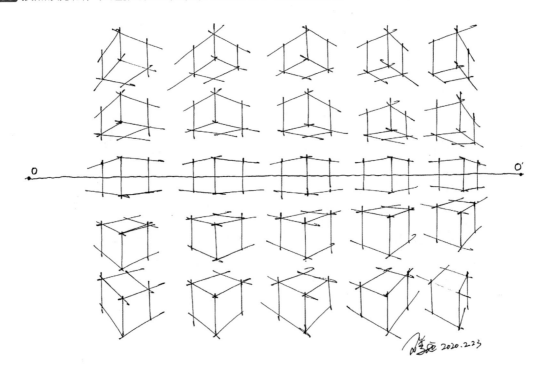

● **要点分析**

两点透视立方体都具有最强转角线，如果视平线穿过立方体，那么只能看到最强转角线左右的侧面，且距离一侧的灭点越远，相应侧面将显得越宽。

位于视平线以上的立方体可看到底面，位于视平线以下的立方体可看到顶面。

立方体距离视平线越远，其相应的顶面或底面就会显得越大。

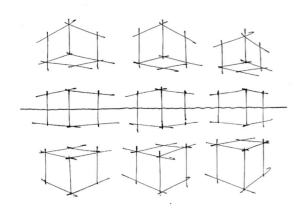

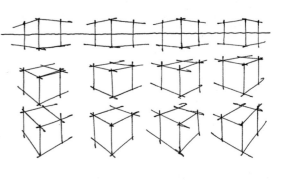

2.3.3 几何体组合造型训练

在掌握了基本透视规律的基础上，可以进行几何体组合造型训练，以提高我们对透视的掌控能力和对空间的理解能力。

⬤ 一点透视几何体组合造型训练

下面讲解一点透视几何体组合造型的手绘方法，需注意透视规律和各体块衔接关系的准确表达。

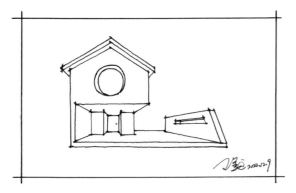

使用工具 铅笔、中性笔等。

01 建议选用 1/2 张 A4 幅面的手绘纸。在纸张 1/3 垂直高度的地方，用铅笔定位出视平线的位置，该图为一点透视，将灭点 O 定位在画面略偏左侧的位置。

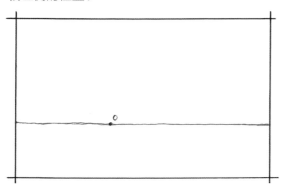

02 根据一点透视规律，用铅笔简要勾勒出几何体组合造型的大致轮廓。

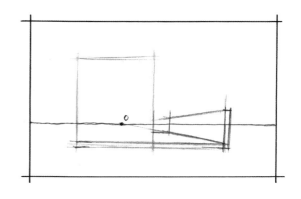

03 根据一点透视规律，用铅笔绘制几何体组合造型左半部分的体块结构。

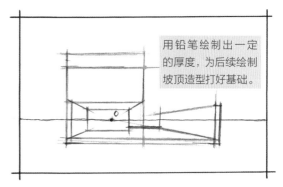

用铅笔绘制出一定的厚度，为后续绘制坡顶造型打好基础。

04 用铅笔绘制几何体组合造型左半部分的坡顶造型。

> **注意** 用铅笔先画出坡顶正立面等腰三角形底边的中线，然后在中线上确定等腰三角形的顶点位置，最后分别连接该点与底边的两端点，完成等腰三角形两腰线的绘制。

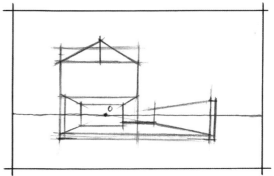

05 根据一点透视规律，用铅笔在等腰三角形顶部添加屋檐造型。

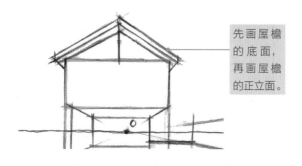

先画屋檐的底面，再画屋檐的正立面。

06 开始绘制几何体组合造型左半部分墙面上的圆形洞口。先用铅笔画出正方形外框，为后续绘制嵌入的圆形做准备。

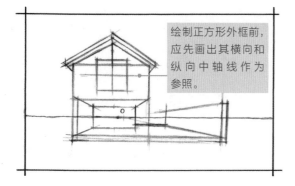

绘制正方形外框前，应先画出其横向和纵向中轴线作为参照。

07 用铅笔连接正方形边框各边中点，绘制出圆弧。

08 在步骤 07 的基础上，连接各圆弧以形成一个完整的圆形。根据一点透视规律，画出圆形洞口的墙壁厚度。为坡顶造型下半部分体块绘制出长方体的进深空间。

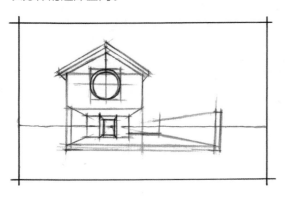

09 用铅笔绘制几何体组合造型右半部分的矮墙结构，再根据一点透视规律，绘制其上的条形镂空结构。

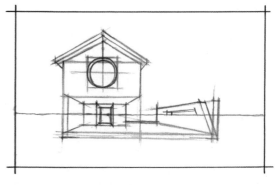

10 使用中性笔，由近及远地画出几何体组合造型主要结构。

注意 运笔尽量平稳，保持线条的流畅感。

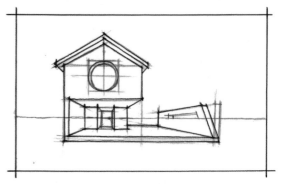

11 使用中性笔，绘制几何体组合造型的细节，完成线稿图。

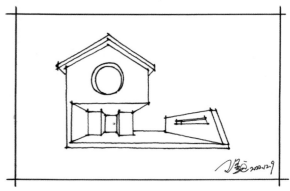

两点透视几何体组合造型训练

下面讲解两点透视几何体组合造型的手绘方法，需注意透视规律和各体块衔接关系的准确表达。

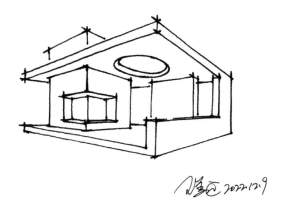

使用工具 铅笔、中性笔等。

01 建议选用 1/2 张 A4 幅面的手绘纸。在纸张略低于 1/2 垂直高度的地方，用铅笔定位出视平线的位置，该图为两点透视，将灭点 O 和 O' 定位在画面左右两侧的视平线上。

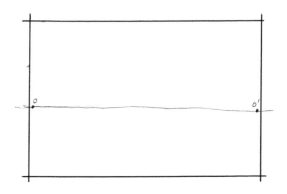

02 根据两点透视规律，用铅笔简要勾勒出几何体组合造型的大致轮廓。

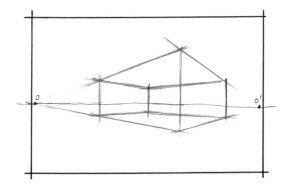

03 根据两点透视规律，用铅笔绘制几何体外围造型的厚度。

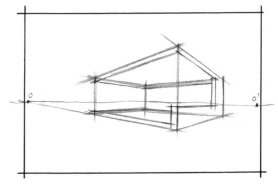

04 开始绘制几何体组合造型顶棚的圆形洞口。根据两点透视规律，用铅笔先画出正方形边框，为后续绘制嵌入的圆形做准备，再绘制与正方形边框对齐的竖向墙体。

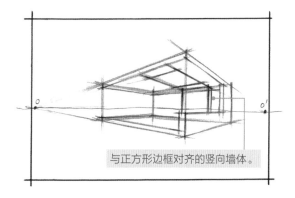

与正方形边框对齐的竖向墙体。

05 根据两点透视规律，用铅笔先画出正方形边框的两条中轴线，再通过连接各边中点，画出圆弧。

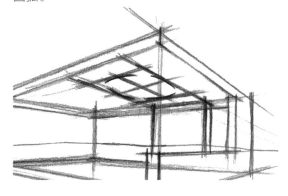

06 在步骤 05 的基础上，根据两点透视规律，用铅笔连接各圆弧以形成圆形，再在顶棚上绘制圆形左侧的长方形。

该长方形为后续绘制长方体与顶棚穿插的交界面。

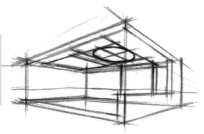

07 根据两点透视规律，过顶棚长方形的各角点，用铅笔绘制与顶棚穿插的长方体。

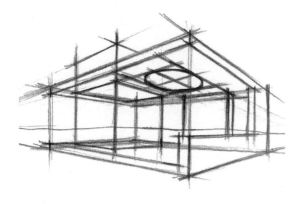

08 根据两点透视规律，用铅笔在长方体表面绘制内凹空间。

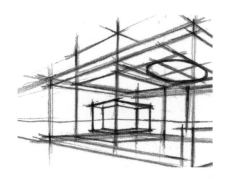

09 使用中性笔，由近及远地画出几何体组合造型外框结构。

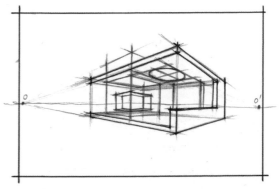

10 使用中性笔，绘制几何体组合造型的细节，完成线稿图。

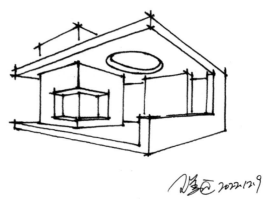

2.4 本讲小结

　　本讲解读了透视的基本原理和分类，并安排了多种透视训练。读者应在熟练控制线条的基础上，重点掌握一点透视和两点透视下的单体、组合体造型的绘制方法。课下还需进一步加强各种几何造型的透视训练，力求线条有力、透视准确、结构严谨，为后续的光影训练打好基础。

2.5 本讲作业

在本讲示范内容的基础上，大家还需进一步拓展几何造型的透视训练，并进行大量的练习。在做作业时，需要结合透视规律，清晰、完整地表达出各种几何造型的立体感与结构感，逐步提高线条应用能力和空间理解能力。

本讲作业要求进行几何体组合造型训练，幅面以 A3 为佳。训练内容可参考下面提供的素材绘制，也可以自行寻找素材绘制。

● **不同空间内，一点透视、两点透视几何体组合造型训练**

● **同一空间内，一点透视、两点透视几何体组合造型训练**

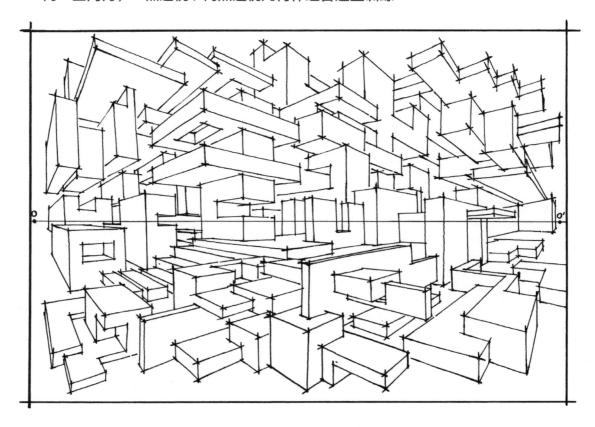

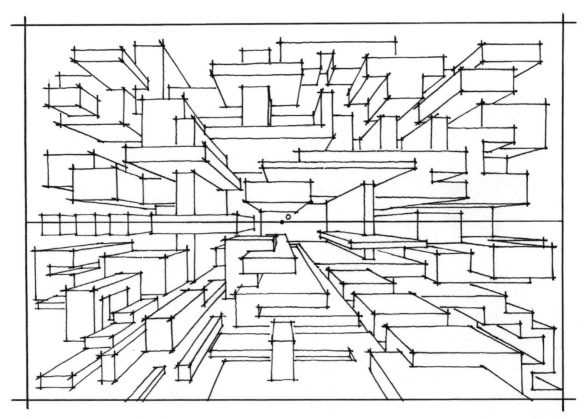

更多训练案例参见配书资源。

第 3 讲

马克笔基础与
光影训练

马克笔是环艺设计手绘中主要的着色工具，应用这一工具进行设计表达具有直观、快速、灵活的特点。光影是增强画面立体感与空间感最直接、最有效的手段之一。利用马克笔表达几何形体的色彩与光影关系，应遵循由简入繁、先基础后综合的顺序，逐步深入、仔细推敲，直至成竹在胸。

学习目标

通过本讲，读者将了解马克笔的基础知识，掌握马克笔的使用方法及配色技巧，并通过具体案例训练来表达几何体的明暗、光影及质感，进而熟练掌握马克笔使用方法、配色技巧及着色规律。

学习重点

重点学习马克笔的使用方法和单一光源下几何形体的马克笔明暗、光影表现技巧，通过定量练习着重掌握不同结构和质感的几何体造型的马克笔着色方法。

3.1 马克笔基础

马克笔又称麦克笔，通常用于快速表达设计构思和设计效果图，是当前主要的绘图工具之一。马克笔具有自己的特性和使用方法，初学者需要经过系统学习，才能较好地应用，本节将从选色方法、使用技巧、笔法及配色技巧等方面进行讲解。

3.1.1 选色方法

目前国内市场上有许多不同品牌的马克笔，色彩型号繁多。为了让初学者以经济的价格和高效的配置完成出色的马克笔手绘作品，本书以法卡勒品牌为例，精选 72 种颜色供大家学习和使用。

马克笔的笔杆上通常印有色标和型号，但有时色标与实际颜色存在误差，而型号又不方便记忆。这些问题常常导致很多初学者用错色或乱用色，致使画面色彩不和谐。为了在绘画过程中能够方便地选取适合的颜色，我们可以根据自己使用的马克笔自制一个色谱，当需要作画选色时，只需对照色谱选色即可。右图为本书专用的法卡勒一代马克笔 72 色色谱。

建筑手绘专用马克笔型号——法卡勒 72 色色谱

PG38	PG39	PG40	PG41	PG42	YG262	YG264	YG266
182	183	GG63	GG64	GG66	BG85	BG86	BG88
NG278	NG279	NG280	NG282	191	RV216	R140	R142
R143	R144	R148	RV150	YR160	YR161	E172	E174
RV130	E132	E133	E168	E169	Y1	Y3	Y5
Y17	Y9	E246	E247	YG23	YG24	YG26	YG30
YG37	YG44	G59	G60	G61	G56	G57	G58
G50	BG62	BG106	BG95	BG97	BG92	B240	B241
B242	BG84	BG107	BV192	BV195	B196	E124	V125

本套马克笔全部为法卡勒一代。辅助工具还需配置：派通牌修正液一支、樱花牌高光笔一支、48 色水溶性彩铅一套、36 色色粉笔一盒。

3.1.2 使用技巧

当前主流的马克笔分为油性马克笔、酒精性马克笔、水性马克笔三类。油性马克笔快干、耐水，且具有良好的耐光性，颜色多次叠加不会伤纸，色彩柔和，代表品牌有美国 AD、三福、犀牛等；酒精性马克笔可在光滑表面书写，速干、防水、环保，代表品牌有韩国 TOUCH、德国 IMARK、日本 COPIC、中国法卡勒、中国艾尔斯；水性马克笔的特点是颜色亮丽且具有透明感，但多次叠加颜色后会变灰，并且容易损伤纸面，代表品牌有日本美辉。相较而言，油性马克笔价格较高，水性马克笔不易掌握，酒精性马克笔性价比最优，深受手绘初学者喜爱。应用马克笔进行创作，首先要熟练掌握其性质和笔法。

马克笔的四种笔宽

马克笔有两种不同粗细的笔头，粗笔头可画出宽、中宽、窄三种笔触，细笔头可画出最细的笔触。

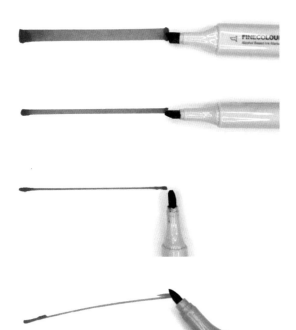

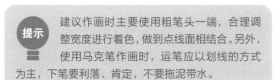

> **提示**
>
> 建议作画时主要使用粗笔头一端，合理调整宽度进行着色，做到点线面相结合。另外，使用马克笔作画时，运笔应以划线的方式为主，下笔要利落、肯定，不要拖泥带水。

如何正确使用马克笔

使用马克笔的基本要领为落笔要实、运笔要畅、靠线要齐、叠色要薄等。很多初学者在首次接触马克笔时，常出现各种运笔错误，为了帮助纠正入门阶段的使用误区，现将正确运笔和错误运笔的情况总结如下。

正确运笔		错误运笔	
	平推		笔尖没有完全压实纸面
			运笔不流畅
	斜推		运笔太慢
	叠加		叠加次数太多，过度圈、描边缘线
	点笔		点笔太过僵硬

3.1.3 笔法

当使用马克笔已经有一定"手感"时，可以开始学习马克笔作画的几种常用笔法，以使创作过程更加得心应手。根据多年的手绘教学经验，笔者将马克笔的常用笔法总结为排、搓、点、扫四种，这四种笔法的活用与组合，可以创作出生动、写实的手绘作品，主要操作方法如下。

排笔

排笔，顾名思义就是按照一定的规律和方向，一笔笔地排列笔触来表现形体的体面色彩关系。这是马克笔手绘最初级、最实用的技法之一，通常用于表现几何造型的体块和平面。但是，考虑到光照的影响，每个面都会产生明暗过渡的层次，因此，使用排笔表现时不能一味地平铺，应利用马克笔宽、中、窄的不同笔触，并结合留白的处理，体现深浅过渡层次。

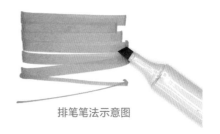

排笔笔法示意图

● 搓笔

搓笔是一种运用马克笔反复叠加笔触来表现色彩细微层次变化的技法，可以实现"微过渡"效果。通常情况下，当表现较为光滑物体的表面时，可在颜色略深的部分反复叠加笔触，达到颜色较为浓厚的效果，然后往两侧轻微搓笔，逐渐减少叠加颜色的次数，直至实现与该面底色和谐的过渡效果。例如，在表现天空时，可选择浅蓝色马克笔，通过短笔触反复朝多方向叠加、过渡，实现色彩微层次的变化，以表现蓝天部分，再结合留白处理，表现白云效果，进而展现整个天空的画面意象。搓笔是一种难度较高的运笔方法，对手绘者操控马克笔的准确度、落笔的轻重、运笔的速度都有一定要求。另外，在颜色的选择上，应避免使用过深的颜色，否则难以实现微层次的过渡效果。在表现天空时，搓笔还要与点笔相结合，使蓝天和白云过渡得更加自然。

搓笔笔法示意图

● 点笔

点笔是利用马克笔的宽笔头绘制点状笔触，通过小色块的聚散，表现色彩过渡关系的一种技法。这种方法看似简单，但是对手绘者的构图能力有一定要求。首先，点笔要求笔触的形状饱满且多样。每一点笔都要在画面上落实，确保形状饱满，并充分利用宽笔头的笔触变化，形成丰富多样的"点"。其次，要注意笔触的疏密变化。通常情况下，先用点笔法绘制密集区域，然后逐渐把点疏散开，从而实现平滑的过渡效果。

点笔笔法示意图

● 扫笔

扫笔与排笔类似，通常操作为先将马克笔最宽的笔头落实在纸面上，然后快速扫向另一端，不用收笔，直接留下飞白的笔触效果即可。这种笔法较易操作，但使用时需要用对时机。笔者认为，绝大多数情况下，不宜将扫笔尾端的飞白笔触直接暴露在画面较亮的底色上，因为扫笔笔触与其他笔触不太协调，控制不好的话会给人一种潦草的感觉。因此，在有一定底色的前提下，用较深的马克笔在其上使用扫笔法，即可实现色彩和谐过渡，并且还能留下笔触的效果。例如，立体造型的暗部反光，使用扫笔法实现过渡效果较好。另外，在扫笔的过程中，由于笔速较快，笔触轻薄，颜色具有很强的透明感和光泽感，因此使用扫笔法表现物体受光面时，可使该面显得光滑、通透，同时扫笔的末端一定要扫入形体的暗部，这样暗部更深的颜色就会覆盖它。

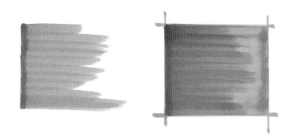

扫笔笔法示意图

（注：左图为在白纸上直接扫笔，过渡生硬，不推荐；
右图为在较浅底色上扫笔，过渡柔和，推荐。）

　　总之，排、搓、点、扫四种笔法是环艺设计中马克笔手绘技法的基础。在完整的手绘效果图中，这些笔法还需相互渗透、彼此融合，才能实现更为生动的效果。

● 马克笔笔法综合训练

　　为了清晰地展示在手绘效果图中各种笔法的使用要点，下面以较简单的室外场景模拟图为例，讲解各种马克笔笔法在实际应用中的操作方法。

使用工具 中性笔、马克笔等。

01 用中性笔绘制以下室外场景模拟图，立方体代表主体构筑物，其后的树线代表背景树轮廓。

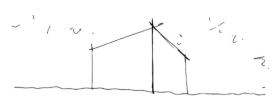

02 设置光源在画面左上角（光照角度如箭头所示），根据受光关系，该长方体左立面为亮面、右立面为暗面。使用 NG278 号马克笔为立方体亮面着色。

注意 需以扫笔的方法，从亮面的左边靠线画起，务必一笔扫入立方体暗面，将运笔的前半部分保留在立方体亮面中，这种保留笔触所形成的光泽，是排笔法难以企及的。

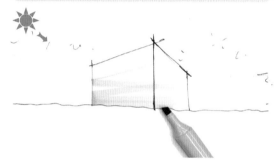

█ NG278

03 用 NG280 号马克笔为立方体暗面着色。

注意 应以竖向排笔的方法，从左侧明暗交界线的位置向右侧排起，当排笔面积超过该面面积三分之二时，笔触逐渐变细，适当为反光部分留白。

　　最后一笔的细笔触，最好先酝酿一下再快速划线，体现出线条的力度。

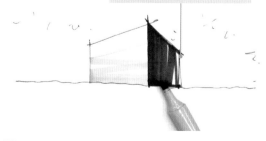

█ NG280

04 用 NG279 号马克笔以竖向扫笔法为立方体反光部分着色。

 注意 之所以使用扫笔法，是为了避免浅色与原有深色过多接触，以免把颜色涂脏。

扫笔时，要轻轻扫过之前暗面反光留白的部分，切勿在步骤03所画的深灰色上过多停留。

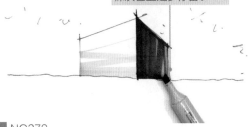

NG279

05 用 B240 号马克笔为画面的天空部分着色。先以排笔法，顺着建筑与天空衔接的边缘线方向着色，填满建筑与背景树之间存在的夹角部分，再进行后续操作。

天空的颜色不要把建筑外轮廓"圈死"，适当留白，为后续表现白云效果做好铺垫。

B240

06 用 B240 号马克笔以搓笔法渲染天空。以短笔触搓笔，画完一排颜色后，再变换角度画另一排颜色，两排颜色之间可以有所叠加。

搓笔时，先选择最密集的部分画，适当空出背景树的轮廓，适当为云朵留白。

B240

07 继续使用 B240 号马克笔完善天空效果。在使用搓笔法绘制天空形态的同时，在其边缘处灵活施加点笔，使蓝色与留白之间的过渡更加柔和。

 注意 用马克笔渲染天空，心里要有"云"的存在意识，"云"需要用留白予以表示。

B240

08 用 G58 号马克笔为背景树着色。

 注意 以搓笔法为背景树大面积铺色；为背景树与立方体外轮廓的衔接处着色时，靠线要整齐；背景树的上部边缘应适当使用点笔，与天空自然衔接；背景树的左右两侧，可使用充满力度的细笔触收边，以实现规整的边缘效果。

G58

09 用 YG44 号马克笔绘制长方体下方的绿地。

 注意 以排笔法贴着长方体的落地线横向排笔，排过 2 ~ 3 条宽笔触后，笔触逐渐变窄，同时注意留白。

10 用 YG24 号马克笔为绿地润色。

■ YG44

用扫笔法在绿地的留白空隙处轻扫颜色，并适当留下细线笔触。

■ YG24

11 完成最终效果图。

3.1.4 配色技巧

● **马克笔的叠色**

　　合理增加颜色覆盖的次数，可使马克笔颜色略微加深，进而产生色彩明度层次的细微差别，这是马克笔的一大特性。善于利用这一特性，可增强画面细腻、柔软、光滑的质感，前面所讲的马克笔搓笔法，就是对此特性的应用之一。然而，如果马克笔选色不当、叠色方法不当，就容易弄巧成拙，以下分别讲述正确叠色和错误叠色的案例。

✓ 正确叠色		✗ 错误叠色	
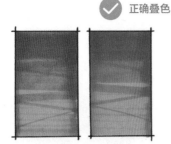			
同一颜色叠加层次可略微加深。	不同颜色先铺浅色再用深色覆盖，可实现完美叠加效果。	明度相近的不同色相颜色进行叠加，容易产生脏色。	先铺深色，再覆盖浅色，容易产生脏色。

● 配色方案

本书精心选择的法卡勒 72 色马克笔，可以进行多种色系的配套组合，囊括环艺设计手绘表现所需的大部分颜色。我们进行手绘表现所涉及的内容大都是三维物体，因此，即使表现一个最简单的单色物体，也要按亮部色、固有色（灰部色）、暗部色的关系搭配同一色系的三种颜色，如表现红色物体时，要选择浅红、大红、深红三种颜色。根据这一原则，我们可按照色相、明度、纯度规律，利用 72 色马克笔为每种色系设置多种配色方案，以供手绘配色时参考。

灰色系色彩搭配方案

红灰 01						红灰 02	
PG38	PG39	PG40	PG41	PG42		E132	E133
黄灰 01						黄灰 02	
182	YG262	183	YG264	YG266		182	183
绿灰 01			绿灰 02			紫灰	
GG63	GG64	GG66	BG62	BG106		E124	V125
蓝灰 01					蓝灰 02		
BG85	BG86	BG107	BG88			BG84	BG107
中灰							
NG278	NG279	NG280	NG282	191			

纯色系色彩搭配方案

红色 01			红色 02				
RV216	R140	R142	R143	R144	R148	RV150	
橙色			木色 01				
YR160	YR161		E172	E174	RV130	E132	E133
木色 02			黄色 01				
E174	E168	E169	Y1	Y3	Y5	Y17	Y9
黄色 02			绿色 01				
E246	E247		YG23	YG24	YG26	YG30	YG37
绿色 02		绿色 03			绿色 04		
YG24	YG44	G59	G60		G61	G56	G57	G58
蓝色 01			蓝色 02				
BG95	BG97	BG92	B240	B241	B242		
紫色							
BV192	BV195	B196					

3.2 几何形体马克笔明暗和光影表现

熟悉了马克笔的基本知识和使用方法之后，我们就能以几何形体为素材，结合受光规律，利用马克笔对多种几何造型的明暗及光影进行表现。

3.2.1 几何单体的马克笔表现

几何单体的马克笔光影表现，需根据受光规律确定其亮面、高光、灰面、暗面、明暗交界线、反光、投影的位置，并结合留白、笔触过渡、平铺、叠色等方法，予以区分和表达。

● 长方体

下面以长方体为例，讲解运用马克笔表现其明暗和光影关系的技法。

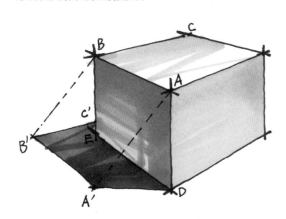

使用工具 中性笔、马克笔等。

01 根据两点透视规律，用中性笔绘制俯视角度下的长方体。

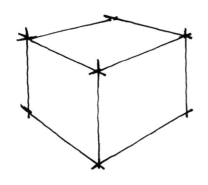

02 设置光源在画面右上角，用中性笔经过长方体角点 A，绘制与光线方向平行的虚线，假设 A 点在地面上的投影为 A′点，在虚线上标出 A′点。

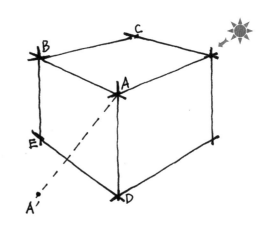

延伸 根据光照角度的不同，A′点在地面上的位置可自行确定，不超越下图粉色区域范围即可。

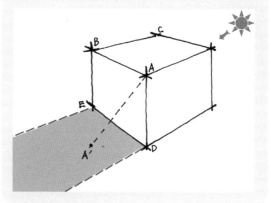

03 用中性笔过 A′点，画与长方体底边 DE 相平行的线段；过长方体角点 B，绘制与光线方向平行的虚线，并与之前过 A′点所画的平行线相交于 B′点；过 B′点画与长方体 BC 边相平行的线段，并与垂直边 BE 相交于 C′点。至此，投影区域绘制完成。

注意

一般来说，我们可以通过确定投影点的位置，并以几何体同方向边为参考绘制平行线的方法来绘制几何形体的投影区域。另外，手绘物体的投影不必绝对精确，投影角度合理且与实物形似即可。

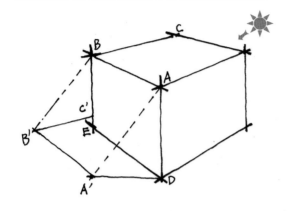

04 开始为长方体着色。根据受光关系，该长方体顶面为亮面、右立面为灰面、左立面为暗面。明确明暗关系后，使用 B240 号马克笔以"斜推"笔法，为长方体亮面着色，先从后方较暗部分画起，排两行宽笔触之后，变换笔宽，逐渐过渡到高光部分，亮面和灰面之间要有足够的留白，以示高光区域。接下来，用排笔法将立方体灰面铺满，铺满一遍色之后，可用该马克笔在灰面顶部适当叠色，细分灰面的明暗层次。

亮面和灰面的笔触要保持流畅感，画入暗面之中亦无妨。

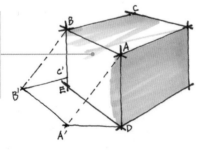

■ B240

05 为长方体暗面着色。使用 B241 号马克笔以排笔法画出暗面的颜色，并利用笔触变化为反光部分留白；使用 NG278 号马克笔以扫笔法，轻扫之前为暗面反光留白的区域，完成长方体反光补色。

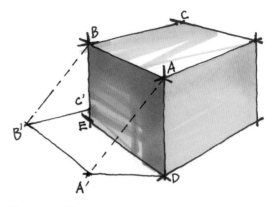

■ B241　■ NG278

06 为长方体投影着色。使用 NG280 号马克笔以排笔法，按照由近及远的顺序，先绘制投影区近处较暗层次的颜色，再变换笔触为投影区较远的部分留白。使用 NG279 号马克笔以扫笔法，轻扫之前投影区的留白区域。完成最终效果图。

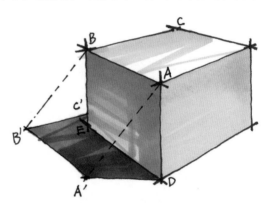

■ NG280　■ NG279

延伸

使用马克笔为面着色时，常有靠线务必整齐的要求，其技法如下。

先使用马克笔宽笔头以同方向排笔法为着色区域铺色，如果收笔的一边排笔无法做到靠线规整，可先在靠近边缘线处适当留白。	待第一遍铺色完成后，再用马克笔细笔触轻轻补齐留白区域，实现靠线整齐的效果即可。

● 圆柱体

下面以圆柱体为例，讲解运用马克笔表现其明暗和光影关系的技法。

使用工具 中性笔、马克笔、高光笔、直尺等。

01 用中性笔绘制圆柱体轮廓。

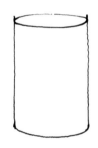

02 设置光源在画面左上角，用中性笔绘制圆柱体在地面的投影。

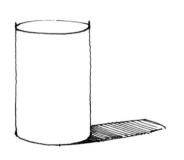

03 使用 BG85 号马克笔先以"斜推"排笔法，将圆柱体顶面颜色铺满。继续使用 BG85 号马克笔，以竖向排笔法先向右画出圆柱体柱身暗部的颜色，反光部分适度留白，再向左以笔触过渡画出圆柱体柱身的灰部，柱身亮部留白，最后沿着圆柱体柱身下边缘弧线方向，画出圆柱体底部较暗区域的颜色。

注意 圆柱体的柱身包括亮部、灰部、明暗交界线、暗部、反光等层次，需要以多种笔触配合留白来表达，为了避免圆柱体顶面与柱身产生颜色重复现象，可以将顶面设置为灰面，单色平涂即可。

为了保持圆柱体直挺光滑的效果，如果徒手使用马克笔难以画直纵向笔触，可以使用直尺加以辅助。

■ BG85

04 用直尺辅助 BG86 号马克笔，以竖向扫笔法加深圆柱体柱身明暗交界线，并适当以细笔触进行柱身弧面颜色的衔接与过渡。使用 PG38 号马克笔，以纵向扫笔法为圆柱体柱身的反光部分着色。

浅暖灰色区域为反光部分。

■ BG86　　■ PG38

05 使用 PG40 号马克笔为圆柱体的地面投影着色，使用高光笔为圆柱体顶面边缘绘制高光，完成最终效果图。

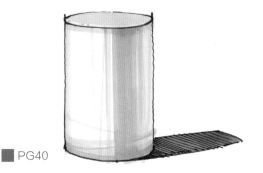

■ PG40

延伸 本例讲解的是直立圆柱体在单一光源下明暗及光影着色方法。如果光源保持不变，将圆柱体放倒，因其放置角度不同，明暗与光影效果亦不同，如下图所示。

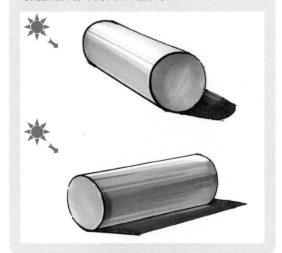

3.2.2　组合几何体的马克笔表现

在几何单体马克笔表现的基础上，可以进一步训练更为复杂的组合几何体明暗和光影的马克笔表现。

● **以形体穿插为主的几何体组合造型马克笔表现**

下面以形体穿插为主的几何体组合造型为例，讲解运用马克笔表现其明暗和光影关系的技法。

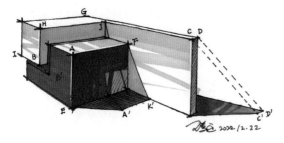

使用工具　铅笔、中性笔、马克笔、高光笔等。

01 根据两点透视规律，用中性笔绘制俯视角度下的几何体组合造型。

注意 如果对直接用中性笔起造型没有把握，可先用铅笔打底稿。

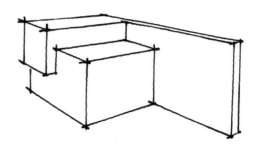

02 设置光源在画面左上角，根据受光关系，使用中性笔绘制该几何体组合造型的投影轮廓线。

注意 由于该几何体组合造型有一定的穿插结构，因此几何体立面的受光区域会产生投影，应仔细绘制。

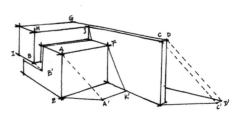

延伸 在单一光源下，几何体在地面和其后墙面上产生连续投影时，通常会出现三种投影现象，主要由角点 A 在地面或墙面上的投影点 A′的位置决定。

（1）当投影点 A′落在地面上时呈现的投影效果（本例步骤 02 范图）。

（2）当投影点 A′落在墙面上时呈现的投影效果（下图左）。

（3）当投影点 A′恰巧落在墙面与地面交界线上时呈现的投影效果（下图右）。

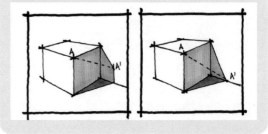

03 根据受光关系，该几何体组合造型中各体块的顶面为亮面、左立面为灰面、右立面为暗面，使用 NG278 号马克笔以排笔法为浅灰色几何体的左侧立面着色，用 NG279 号马克笔以排笔法为浅灰色几何体的右侧立面着色。

浅灰色几何体左侧立面为灰面，可设定为上深下浅，浅色部分留白。

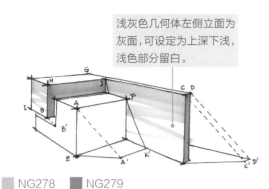

■ NG278　■ NG279

04 根据受光关系，使用 RV216 号马克笔以"斜推"排笔法为红色几何体的顶平面着色，用 R215 号马克笔以排笔法将红色几何体的左立面铺满，用 R140 号马克笔以排笔法为红色几何体的右立面着色，并通过变换笔触为反光部分留白。

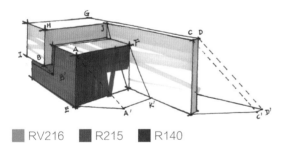

■ RV216　■ R215　■ R140

05 使用 PG40 号马克笔以扫笔法，轻扫之前为红色几何体暗面反光留白的区域，完成反光部分着色；再使用 PG39、PG40、PG41 号马克笔为几何体的投影着色。

用 PG40 号马克笔着色。

用 PG39 号马克笔着色。

用 PG40、PG41 号马克笔着色。

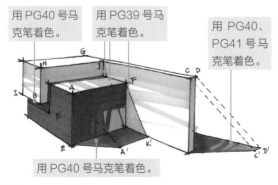

用 PG40 号马克笔着色。

■ PG39　■ PG40　■ PG41

06 使用中性笔以排线法加重几何体部分的暗面和投影，并使用高光笔绘制几何体受光面和固有色的高光，使其更加精致。完成最终效果图。

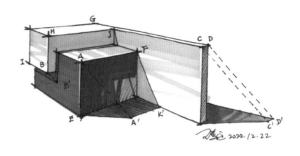

● 以形体消减为主的几何体组合造型马克笔表现

下面以形体消减为主的几何体组合造型为例，讲解运用马克笔表现其明暗和光影关系的技法。

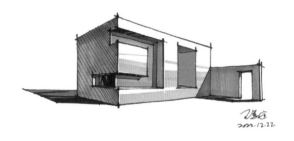

使用工具 铅笔、中性笔、马克笔、高光笔等。

01 根据两点透视规律，用中性笔绘制几何体组合造型。

注意　需将凹入和镂空造型的透视结构画清晰。

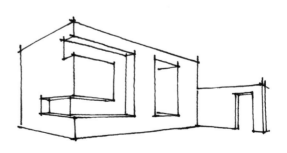

02 设置光源在画面右上角，根据受光关系，使用中性笔绘制该几何体组合造型的投影轮廓线。

注意 几何形体檐口和洞口产生的投影，需结合光照方向仔细绘制其轮廓。

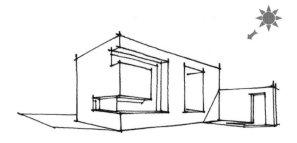

延伸 当几何体具有洞口结构时，在不同的光照角度下，洞内呈现的光影效果有所不同，如下图所示。

洞口平面及光照方向示意图　　A方向光照下投影效果　　B方向光照下投影效果

03 根据受光关系，使用 PG39 号马克笔以排笔法为灰色几何体的右立面（亮面）着色，用 PG40 号马克笔以排笔法将灰色几何体的左立面（暗面）铺满，用 PG41 号马克笔将灰色几何体的各顶面（最深暗面）铺满。再使用 B240 号马克笔将蓝色几何体的右立面铺满，用 B241 号马克笔将蓝色几何体的左立面铺满。完成主体的着色。

亮面下深上浅，使用 PG39 号马克笔排笔时，应从最下方画起，逐渐向上变换笔触过渡，尽量多留白。

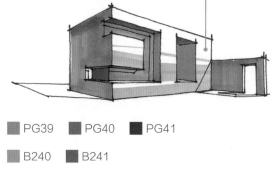

■ PG39　■ PG40　■ PG41

■ B240　■ B241

04 使用 BG88 号马克笔为所有的投影区着色。

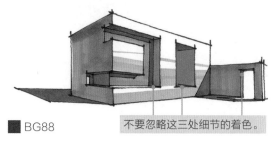

■ BG88　　不要忽略这三处细节的着色。

05 使用中性笔以排线法加重几何体组合造型最左侧立面和右侧镂空片墙的地面投影，再用 191 号马克笔以排笔法增强几何形体视觉中心区域暗面和投影的对比度，使造型更醒目。

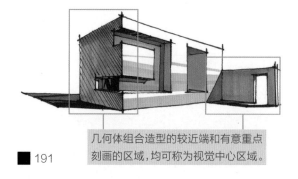

■ 191　　几何体组合造型的较近端和有意重点刻画的区域，均可称为视觉中心区域。

06 使用高光笔绘制几何体受光面的高光，使其更加精致。完成最终效果图。

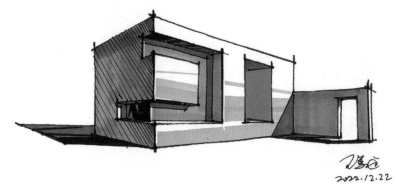

2022.12.22

● 阶梯式几何体组合造型马克笔表现

下面以阶梯式几何体组合造型为例，讲解运用马克笔表现其明暗和光影关系的技法。

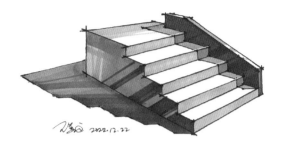

使用工具 铅笔、中性笔、马克笔、高光笔等。

01 根据两点透视规律，用中性笔绘制阶梯式几何体组合造型。

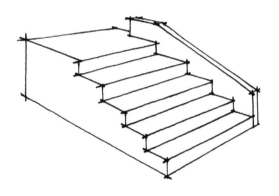

02 设置光源在画面右上角，根据受光关系，使用中性笔绘制该几何体组合造型的投影轮廓线。

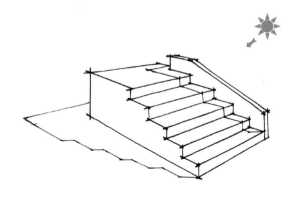

延伸 阶梯式几何体组合造型的手绘投影，需注意以下两点：①找到关键投影点在阶梯和地面上的投影位置，角点 A、E 在地面和阶梯顶面上的投影点分别为 A'、E'。②过投影点连接与其最近的结构点，形成第一条线段，再运用画平行线的方法逐渐绘制其他投影轮廓。例如，本例阶梯造型的地面投影绘制步骤为连接 A'B，再过 A' 画线段 A'C'（平行于结构线 AC），然后过 C' 画线段 C'D（平行于 A'B），以此类推直至完成地面投影的绘制。矮墙在阶梯造型上的投影绘制步骤为连接 E'F，再过 E' 画线段 E'I（平行于结构线 FG），与阶梯结构线 CG 交于 I 点，然后过 I 画垂线 IJ（平行于 HG），以此类推直至完成阶梯投影的绘制。

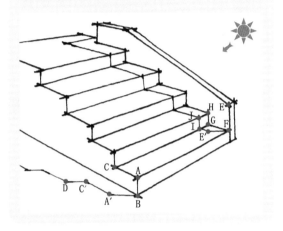

03 根据受光关系，该阶梯造型顶面为亮面、右立面为灰面、左立面为暗面。使用 NG278 号马克笔以"斜推"排笔法为阶梯造型顶面着色；用 NG278 号马克笔将阶梯造型右立面铺满；用 NG279 号马克笔以排笔法为阶梯造型的左立面着色，并通过变换笔触为反光部分留白；用 PG39 号马克笔以扫笔法，轻扫之前为阶梯造型暗面反光留白的区域，完成反光部分着色。

为增强阶梯造型顶面的光感，使用 NG278 号马克笔排笔时，应从最后方画起，逐渐变换笔触过渡，进而使阶梯前方形成较大面积的留白。

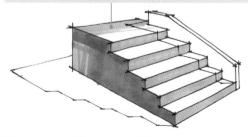

■ NG278　■ NG279　■ PG39

04 根据受光关系，使用 RV216 号马克笔以排笔法为阶梯造型右侧红色矮墙的顶平面着色，用 R215 号马克笔以排笔法将红色矮墙的左右立面全部铺满，用 R140 号马克笔以"斜推"排笔法为红色矮墙的左立面叠加斜向笔触，用 NG280 号马克笔以"斜推"排笔法为阶梯造型的左立面叠加斜向笔触。

> **注意** 叠加斜向笔触目的是增强几何体立面的光泽感，绘制时，需从该面较暗的部分画起（本例暗面的右侧较暗），逐渐使笔触变窄、变细，实现与该面另一端较浅部分的和谐过渡。

■ RV216　■ R215　■ R140　■ NG280

05 使用 PG39、PG40、PG41 号马克笔为阶梯造型的各部分投影着色。

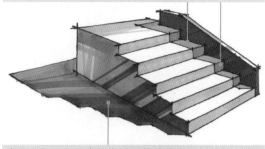

使用 PG39 号马克笔为阶梯的平面投影着色，使用 PG40 号马克笔为阶梯的立面投影着色。

先用 PG40 号马克笔为地面的整体投影区着色，再用 PG41 号马克笔从投影区的最前方画起，笔触逐渐变窄、变细，实现和谐过渡。

■ PG39　■ PG40　■ PG41

06 使用高光笔绘制该几何体亮面和灰面的高光，使造型更加精致。完成最终效果图。

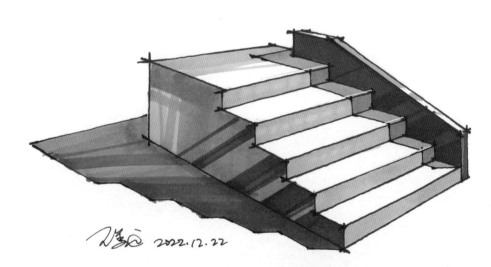

● **廊架式几何体组合造型马克笔表现**

下面以廊架式几何体组合造型为例，讲解运用马克笔表现其明暗和光影关系的技法。

使用工具 铅笔、中性笔、马克笔、高光笔等。

01 根据一点透视规律，用中性笔绘制几何体组合造型。

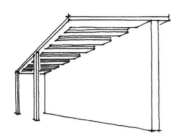

注意 顶部镂空结构的厚度需表达清楚。

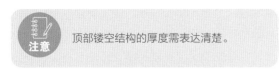

02 设置光源在画面左上角，根据受光关系，使用中性笔绘制该几何体组合造型的投影轮廓线。

绘制顶部镂空结构在墙面上的投影时，需分清哪里是投影、哪里是空白。

由于立柱与顶部结构是连接的，因此需在墙面上绘制立柱投影。

03 根据受光关系，可设置各几何体左立面为亮面、正立面和顶面为暗面。使用 182 号马克笔以排笔法为白色墙面的左立面着色，用 YG264 号马克笔以排笔法铺满白色墙面的正立面。使用 E174 号马克笔铺满立柱和顶部镂空结构的左立面，用 E168 号马克笔铺满顶部镂空结构的底面，用 E169 号马克笔铺满顶部镂空结构的正立面。

该亮面上浅下深，用 182 号马克笔排笔着色时，应按照由下至上的顺序，逐渐使笔触变窄、变细，并大量留白。

■ 182　■ YG264　■ E174

■ E168　■ E169

04 使用 PG39 号马克笔为白色墙面上的投影着色；使用 PG40 号马克笔为几何体组合造型的地面投影着色。

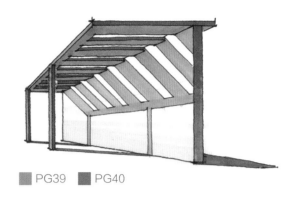

■ PG39　■ PG40

05 使用 191 号马克笔以排笔法增强几何形体暗面和投影的对比度，使造型更有冲击力。

几何体暗部的结构转折处可适当增强对比。

与实体衔接最紧密的投影部分可适当增强对比。

■ 191

06 使用高光笔绘制几何体亮面的高光，使该造型更加精致。完成最终效果图。

2022.12.22

3.2.3　带有材料质感的几何体马克笔表现

在环艺设计手绘中，材料质感的表现是增强效果真实感、凸显场景设计感、强调画面视觉中心的重要手段。运用马克笔表现材质，不仅要了解材质本身的特性，还要分析其所处环境的光色影响，切不可孤立对待。为了画好各种材质，大家要注意以下几点：第一，确定光源位置；第二，准确选择表现材质的相应色系；第三，做好线稿对肌理的表达；第四，选择最合适的马克笔笔触方向；第五，注意形体的虚实关系。

为了方便读者同步操作，下面以比较容易绘制的长方体造型为例，演示不同质感的表现方法。

● 木材质感马克笔表现

下面以长方体为例，讲解运用马克笔表现木材质感的技法。

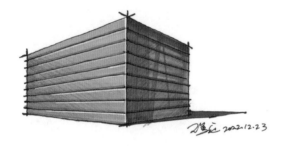

使用工具 中性笔、马克笔、高光笔、彩色铅笔等。

01 根据两点透视规律，用中性笔先绘制长方体造型，再绘制其表面的木板拼缝线。设置光源在画面左上角，根据受光关系，画出长方体在地面上投影的轮廓。

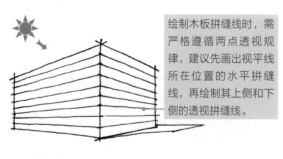

绘制木板拼缝线时，需严格遵循两点透视规律，建议先画出视平线所在位置的水平拼缝线，再绘制其上侧和下侧的透视拼缝线。

02 根据受光关系，长方体左立面为亮面、右立面为暗面，先用 E174 号马克笔以排笔法铺满左立面，再用 E168 号马克笔以排笔法铺满右立面，然后用 E168 号马克笔的细笔头为木板左立面的拼缝线勾线，体现其厚度。

建议将 E168 号马克笔的细线画于木板拼缝线墨线的上方。

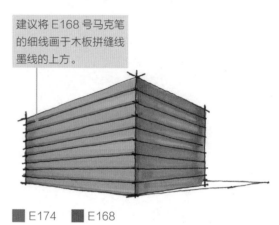

■ E174　　■ E168

03 使用 E169 号马克笔以排笔法加重长方体暗面的明暗交界线，并逐渐变换笔触向右过渡，留出反光部分；用 E169 号马克笔的细笔头为木板右立面的拼缝线勾线，体现其厚度；用 NG280 号马克笔为地面投影着色。

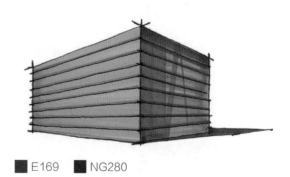

■ E169　　■ NG280

04 分别使用赭石色和熟褐色彩色铅笔以排线的方式增强长方体亮面和暗面的层次感，进一步表现木材略显粗糙的质感。使用高光笔绘制亮面的高光，使该造型更加精致。完成最终效果图。

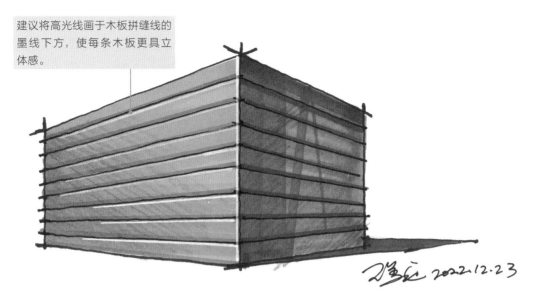

建议将高光线画于木板拼缝线的墨线下方，使每条木板更具立体感。

● 石砌墙质感马克笔表现

下面以长方体为例，讲解运用马克笔表现石砌墙质感的技法。

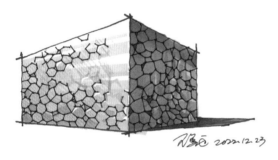

使用工具 中性笔、马克笔、高光笔、彩色铅笔等。

01 根据两点透视规律，用中性笔绘制长方体造型。设置光源在画面左上角，根据受光关系，长方体左立面为亮面、右立面为暗面，用中性笔绘制长方体暗面的石块结构。

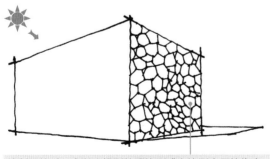

绘制石块时，应以不规则的五边形或六边形大石块为主，可在大石块之间的衔接处填充不规则的三边形或四边形小石块，以此方法将整个暗面画满。

02 根据受光关系，用中性笔绘制长方体亮面的石块结构。

光照来自画面左上角，通常可设置长方体亮面左侧较暗、右侧较亮，因此可按照左密右疏的规律绘制石块亮面结构。

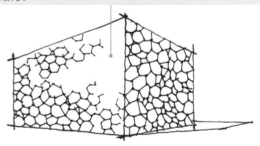

03 根据受光关系，使用 E246 号马克笔以扫笔法为长方体左立面着色，用 183 号马克笔以排笔法铺满右立面。

亮面下深上浅，使用 E246 号马克笔排笔时，应从最下方画起，逐渐向上变换笔触过渡，顶部适当留白。

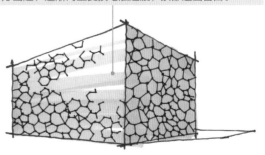

■ E246　　■ 183

04 使用 YG264 号马克笔以排笔法加重长方体背光面的明暗交界线，并逐渐变换笔触向右过渡，空出反光部分；用 GG66 号马克笔为地面投影着色。

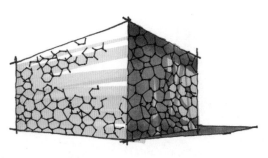

■ YG264　■ GG66

05 使用 183 号马克笔的细笔头在长方体亮面勾画少量石块轮廓。用 GG64 号马克笔点缀亮面的部分石块，同时用该笔为暗面反光部分的大部分石块着色，然后使用该笔的细笔头加强长方体亮面的部分石块轮廓。使用 YG266 号马克笔点缀长方体背光面的部分小石块，并用该笔加重地面投影与实体衔接最紧密的部分。

使用赭石色彩色铅笔加强层次感。

使用熟褐色彩色铅笔加强层次感。

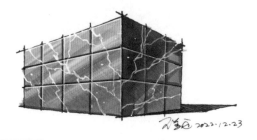

● **大理石质感马克笔表现**

　　下面以长方体为例，讲解运用马克笔表现大理石质感的技法。

使用 183 号马克笔勾画石块轮廓时，应延续原有的墨线轮廓，向右侧绘制，形成轮廓线从暗到亮的过渡效果。

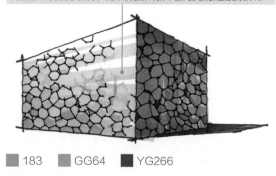

■ 183　■ GG64　■ YG266

06 使用赭石色和熟褐色彩色铅笔以排线方式增强长方体亮面的层次感，使用深蓝色彩色铅笔以排线方式加强长方体暗面的反光部分，进而增强石砌墙面粗糙的质感。根据受光关系，使用高光笔绘制亮面部分石块的高光，使该造型更加精致。完成最终效果图。

01 根据两点透视规律，用中性笔先绘制长方体造型，再绘制其表面的大理石板拼缝线。设置光源在画面左上角，根据受光关系画出长方体在地面上投影的轮廓。

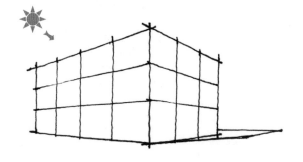

使用工具　中性笔、马克笔、高光笔、彩色铅笔等。

02 根据受光关系，长方体左立面为亮面、右立面为暗面。先用 NG278 号马克笔以斜向扫笔法为长方体左立面着色，然后用 NG279 号马克笔以斜向扫笔法为长方体左立面叠加斜向笔触，接下来用 PG40 号马克笔以斜向扫笔法为长方体右立面的暗部反光着色。

使用 NG278 号和 NG279 号马克笔扫笔时，尽量一笔画入暗面之中，保持亮面的光洁感。

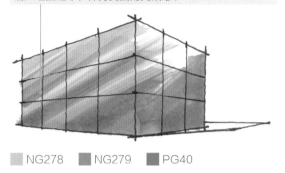

■ NG278　■ NG279　■ PG40

03 使用 NG280 号马克笔以斜向排笔法为长方体右立面着色，并逐渐由左上向右下变换笔触，留出反光部分；用 PG41 号马克笔为地面投影着色。

■ NG280　■ PG41

04 根据受光关系，使用高光笔绘制大理石板拼缝线附近的高光，使用熟褐色彩色铅笔斜向排线，增强长方体左右立面的层次感。

05 使用高光笔以自由的线条和点绘制大理石表面纹理。由于长方体暗面的石材纹理被高光笔勾画得过亮，因此可以再用 NG278 号马克笔将其轻轻覆盖一遍，使肌理与形体更加协调。完成最终效果图。

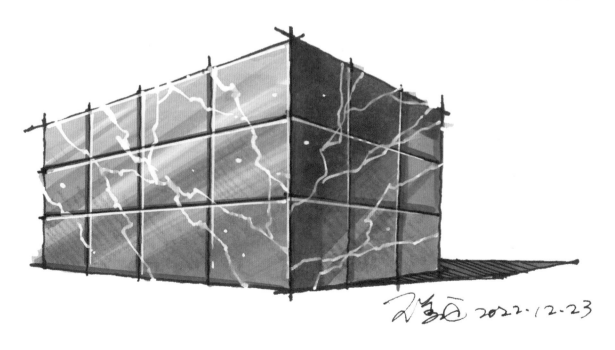

■ NG278

玻璃质感马克笔表现

下面以长方体为例，讲解运用马克笔表现玻璃质感的技法。

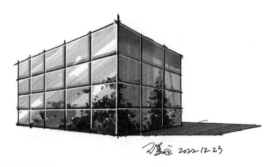

使用工具 中性笔、马克笔、高光笔、彩色铅笔等。

01 根据两点透视规律，用中性笔先绘制长方体造型，再绘制其表面的玻璃板拼缝线。设置光源在画面左上角，根据受光关系画出长方体在地面上投影的轮廓。

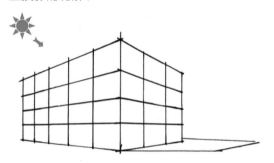

02 根据受光关系，长方体左立面为亮面、右立面为背光面。使用 B240 号马克笔以斜向扫笔法为长方体左立面着色，使用 B241 号马克笔以排笔法铺满长方体右立面。

> 使用 B240 号马克笔扫笔时，要适当留白，体现玻璃的亮反光。

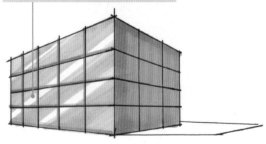

■ B240　■ B241

03 使用 B242 号马克笔以排笔法为长方体右立面着色，并逐渐变换笔触，留出反光部分，用 NG280 号马克笔为地面投影着色。

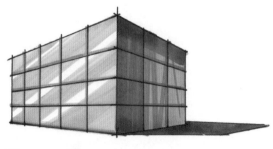

■ B242　■ NG280

04 使用 BG106 号马克笔以点笔法在长方体表面绘制玻璃对周边植物的反光效果。

> 在反光植物的边缘，点笔笔触要灵活。

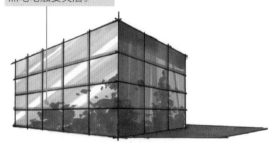

■ BG106

05 使用 YG266 号马克笔以点笔法加强反光植物的层次，使其虚实分明。

> **注意** 使用 YG266 号马克笔加强亮面反光植物的层次时，点笔要少而精，加强暗面反光植物的层次时，点笔要多而密，进而更好地区分长方体的明暗关系。

■ YG266

06 使用高光笔绘制玻璃板拼缝线附近的高光，分别用群青色与紫色彩色铅笔以斜向排线的方式增强长方体左右立面的层次感。完成最终效果图。

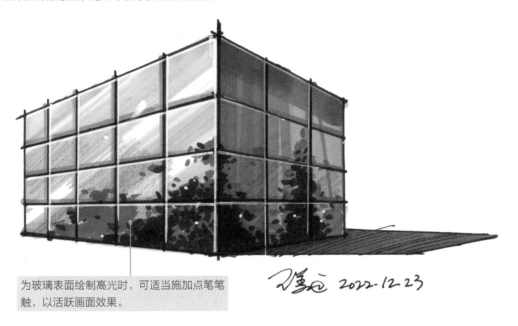

为玻璃表面绘制高光时，可适当施加点笔笔触，以活跃画面效果。

3.3 本讲小结

本讲解读了马克笔的基础知识、马克笔的笔法及配色技巧，并安排了几何体明暗、光影及质感训练。读者应在熟练掌握马克笔笔法的基础上，重点掌握几何体明暗、光影和质感的表现方法，培养扎实的明暗表现能力和空间理解能力。课下还需加强组合几何体造型的明暗、光影、质感方面的马克笔表现训练，力求结构严谨、明暗准确、光影合理、色彩和谐、对比强烈，为后续进行场景效果图马克笔训练打好基础。

3.4 本讲作业

在本讲示范内容的基础上，大家还需进一步拓展组合几何体造型的明暗、光影和质感方面的马克笔表现训练，通过一定量的练习，熟悉马克笔的运笔规律、配色规律、光影表现规律和质感刻画方法。在做作业时，需要进一步巩固几何体的透视造型能力，感悟运用笔触和留白表现物体光洁表面的方法，同时还应扩展质感的表现类型，提高对马克笔工具的综合应用能力。

本讲作业要求进行几何体马克笔表现训练，幅面以 A3 为佳。训练内容可参考后面提供的素材绘制，也可以自行寻找素材绘制。

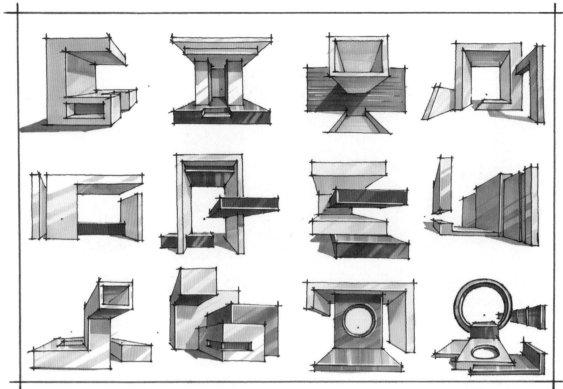

● **带有质感的几何体马克笔表现训练**

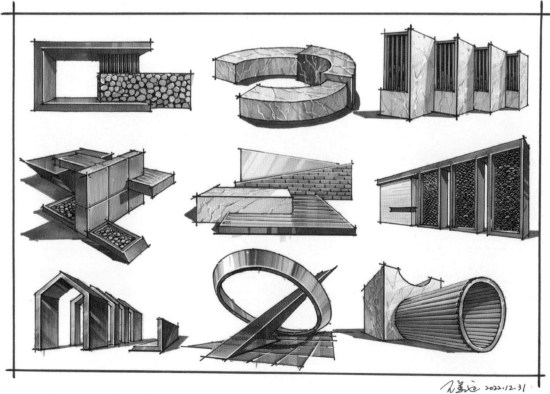

更多训练案例参见配书资源。

第 4 讲

马克笔室外配景
表现训练

一幅完整、生动的景观手绘效果图，必须要有丰富、合理的配景与主体构筑物相搭配，才能达到理想的效果。配景表现训练是环艺设计手绘中不可或缺的环节。

学习目标

本讲主要介绍植物、人物、简笔汽车、天空及景观小品从铅笔起稿，到墨线定型，再到马克笔表现的全流程。

学习重点

重点掌握植物和景观小品的造型规律和着色技巧，要特别注意绘制顺序，这是后续景观效果图马克笔手绘的重要基础。

4.1 植物马克笔表现

植物是景观效果图中非常重要的内容，属于构图中的面状或线状要素，几乎每张景观效果图中都存在植物，其绘制质量的好坏直接影响效果的成败。同时，植物也是较难画的一项内容，由于植物本身形态多变且结构丰富，因此想要将其表现得自然、和谐，就必须认真学习其结构，并辅以大量练习。

对于景观手绘效果图的构图来说，理想的是中景、前景、背景共存的构图，次之为中景、背景共存的构图。因此，进行植物的手绘训练，有必要分别针对中景、前景、背景等不同构图位置植物的画法进行学习。

4.1.1 中景植物马克笔表现

对于景观手绘效果图来说，中景是画面的主体，通常以主体构筑物为中心，结合其周边的绿化、小品、人物、车辆等元素共同构成。中景的主要作用是构建画面的视觉中心。处于画面中景位置的植物叫作中景植物，它在构图中展示较为全面，刻画较为深入。学习植物手绘应先从中景树开始。树种一般可分为乔木、灌木、地被三种类型，以下分别举例进行讲解。

● 结构较为简单的乔木

下面讲解结构较为简单的乔木的绘制方法，需注意植物结构的线稿绘制与色彩表现。

使用工具 铅笔、签字笔、马克笔、高光笔、修正液等。

01 选用 1/2 张 A4 幅面的手绘纸，用铅笔画出植物的中轴线，然后以球体组合的形式，画出树冠的基本轮廓（上下两个椭圆形）。

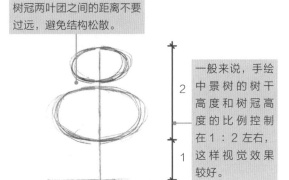

树冠两叶团之间的距离不要过远，避免结构松散。

一般来说，手绘中景树的树干高度和树冠高度的比例控制在 1：2 左右，这样视觉效果较好。

02 用铅笔在树冠叶团底部留出"凹槽"以备树干、树枝穿入该处（即枝叶穿插处），再以单线画出树的枝干。

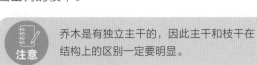

注意 乔木是有独立主干的，因此主干和枝干在结构上的区别一定要明显。

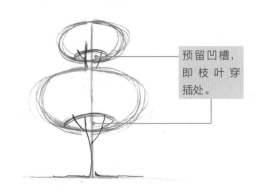

预留凹槽，即枝叶穿插处。

03 设定光源在画面左上方，根据受光关系，用 0.5mm 签字笔以树线画出树冠的轮廓，再画出树干、树枝、地面。

注意 树冠受光部分的线条多断开一些，背光部分的线条尽量连贯，树冠各叶团底部的"凹槽"位置要适当叠加树线，体现出厚度感。

04 用 0.5mm 签字笔以树线画出地面上的两棵低矮植物，用橡皮擦去铅笔底稿。

05 根据受光关系，用 191 号马克笔以点笔法加重乔木的树冠、树干、树枝、低矮植物的暗部，再用该马克笔绘制乔木在地面上的投影。

用 191 号马克笔绘制植物投影时，要注意笔触点、线、面相结合，以表现植物叶、枝、冠的结构关系。

■ 191

延伸 根据受光规律，植物树冠的明暗关系如下图所示，用 191 号马克笔加重时，参照该图的暗部范围操作即可。

06 根据受光关系，用 YG26 号马克笔以斜向搓笔法为乔木的树冠着色，再用该马克笔以点笔法强调树冠的边缘。

为叶团左上方的亮部留白。

■ YG26

07 用 YG30 号马克笔以点笔法加深乔木树冠暗部的颜色。在进一步区分树冠层次的基础上，使树冠颜色与黑色的过渡更加柔和。用 BG107 号马克笔以点笔法绘制叶团靠后位置的树叶，增强树冠进深方向的层次感。用 E132 号马克笔为树干、树枝、地面着色。

选用蓝灰色绘制叶团较为靠后的树叶，有利于通过冷暖对比增强进深层次感。

■ YG30　■ BG107　■ E132

08 根据受光关系，用 YG24、RV216、Y3 号马克笔，以斜向搓笔法分别为乔木下方三棵低矮植物着色。

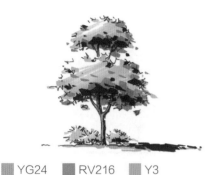

■ YG24   ■ RV216   ■ Y3

09 根据受光关系，使用高光笔绘制乔木树干和树枝的高光。使用修正液以树线点缀树冠的高光，使该造型更加精致。完成最终效果图。

修正液点缀高光。

修正液点缀高光。

修正液点缀高光。

● **结构较为复杂的乔木**

下面讲解由多个树冠叶团组成的结构较为复杂的乔木绘制方法，需注意植物结构的线稿绘制与色彩表现。

使用工具 铅笔、中性笔、签字笔、马克笔、彩色铅笔等。

01 选用 1/2 张 A4 幅面的手绘纸，用铅笔画出植物的中轴线，然后以自由组合的形式，画出由多个椭圆形构成的树冠基本轮廓。

注意 　多个椭圆形的构图关系要保持左右均衡。

02 用铅笔以单线画出树的枝干。

注意 　多叶团树冠可通过不同椭圆形的组合自然留出底部"凹槽"。

03 设定光源在画面左上方，根据受光关系，用 0.5mm 签字笔以树线画出树冠的轮廓，再画出树干、树枝、地面。

注意 　树冠受光部分的线条多断开一些，背光部分的线条尽量连贯。

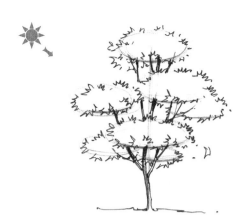

延伸根据受光规律，本例示范植物树冠的明暗关系如下图所示，用 RV216 号和 V125 号马克笔着色时，参照该图明暗关系操作即可。

04 根据受光关系，用 RV216 号马克笔以斜向搓笔法为乔木树冠中位置较为靠前的叶团着色，再用该马克笔以点笔法强调树冠的边缘。

■ RV216

05 使用 V125 号马克笔以搓笔法绘制树冠中位置靠后的叶团，再用该马克笔以点笔法强调树冠的边缘，用 E132 号马克笔为树干、树枝着色，用 YG264 号马克笔为地面着色。

06 根据受光关系，使用中性笔以斜向排线法加强树冠中各前后叶团的衔接处，用玫瑰红色彩色铅笔以斜向排线法增强树冠中靠前叶团的层次感，进一步增强植物立体感。完成最终效果图。

2023.1.26

● **灌木**

下面讲解两棵结构较为简单的灌木的绘制方法，需注意前后植物结构的线稿绘制与色彩表现。

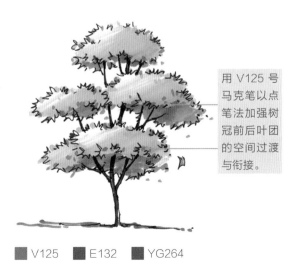

用 V125 号马克笔以点笔法加强树冠前后叶团的空间过渡与衔接。

■ V125　■ E132　■ YG264

2022.7.14

使用工具 铅笔、中性笔、马克笔、修正液等。

01 选用 1/2 张 A4 幅面的手绘纸，用铅笔先画出两棵灌木的中轴线，再以椭圆形组合的形式，画出树冠的基本轮廓。

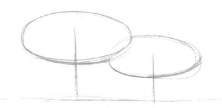

02 用铅笔在树冠底部留出"凹槽"，以备树枝穿入该处，再以单线画出树枝。

 注意 灌木没有独立主干，以丛植为主，比较低矮，树枝高度和树冠高度的比例控制在 2：3 左右为佳。

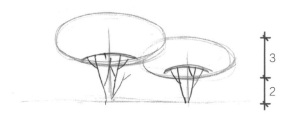

03 设定光源在画面左上方，根据受光关系，用中性笔以树线的形式画出树冠的轮廓，再画出树枝和地面。

 注意 树冠受光部分的线条多断开一些，背光部分的线条尽量连贯，树冠底部的"凹槽"位置要适当叠加树线，体现出厚度感。

04 根据受光关系，用 191 号马克笔以点笔法加重灌木的树冠、树枝的暗部，再用该马克笔绘制灌木在地面上的投影。

该处需留白，体现两灌木的前后层次感。

■ 191

05 根据受光关系，用 G59 号马克笔以斜向搓笔法为左侧灌木的树冠着色，再用该马克笔以点笔法强调树冠的边缘，用 R143 号马克笔以斜向搓笔法为右侧灌木的树冠着色，再用该马克笔以点笔法强调树冠的边缘，用 E132 号马克笔为地面着色。

■ G59　　■ R143　　■ E132

06 根据受光关系，用 G60 号马克笔以点笔法，加强左侧灌木树冠的暗部颜色，用 R144 号马克笔以点笔法加强右侧灌木树冠的暗部颜色，增强立体感。

■ G60　　■ R144

07 使用 BG107 号马克笔以点笔法绘制灌木树冠靠后层次的树叶，增强树冠进深方向的层次感，用 YG264 号马克笔绘制左侧灌木遮挡右侧灌木产生的投影。

用 YG264 号马克笔绘制投影区域。

■ BG107　■ YG264

08 根据受光关系，使用高光笔绘制灌木树枝的高光，完成最终效果图。

● **地被植物**

　　下面讲解一组地被植物的绘制方法，需注意植物结构的线稿绘制与色彩表现。

使用工具　铅笔、中性笔、马克笔、修正液等。

01 选用 1/2 张 A4 幅面的手绘纸，在纸张靠近顶部的地方，用铅笔定位出视平线的位置，该图为两点透视，将灭点 O 定位在画面偏左位置，O' 定位在右侧画面外，两个灭点必须设置在视平线上。根据两点透视规律，简要勾勒出本组地被植物的场地轮廓线。

02 根据两点透视规律，用铅笔画出场地内各种地被植物的轮廓。

注意　各种植物的位置和比例关系要定位准确。

03 设定光源在画面右上方，根据受光关系，用中性笔先从离观者最近的植被画起，直至完成所有植物的细节结构绘制。

 注意 应用不同的线型组合来表达不同的植被种类。

04 根据受光关系，用 191 号马克笔以点笔法加重本组植物的暗部和投影。

 注意 加重暗部和投影时，并不是将所有的暗部和投影都涂黑，而是为转折最为强烈的部分施加深色，使画面对比更加强烈，形体结构更加清晰。

■ 191

05 根据受光关系，用 YG24、G59、Y3、R144 号马克笔分别为图中各植物铺大色调。

 注意 大面积的植物用马克笔宽笔头以排笔法着色，结构尖细的植物用马克笔细笔头着色。

用 R144 号马克笔着色。　用 YG24 号马克笔着色。

用 G59 号马克笔着色。

用 R144 号马克笔着色。　用 Y3 号马克笔着色。

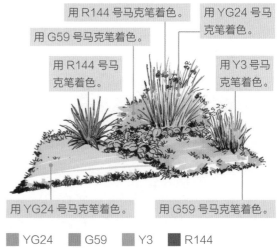

用 YG24 号马克笔着色。　用 G59 号马克笔着色。

■ YG24　　■ G59　　■ Y3　　■ R144

06 根据受光关系，用 YG26 号马克笔以排笔法丰富左侧草皮的层次。用 Y5 号马克笔的细笔头勾线，加强右侧黄色植物的暗部。

■ YG26　　■ Y5

07 用 G60 号马克笔以排笔法丰富右下角绿色地被植物的层次。根据受光关系，用 BG107 号马克笔以点笔法加强右下角绿色地被植物的暗部及黄色植物的投影。

用 BG107 号马克笔的细笔头绘制黄色植物的投影。

■ G60　　■ BG107

08 根据受光关系，使用 G57 号和 G58 号马克笔加重花卉植物绿叶的暗部，丰富层次感。

■ G57　■ G58

09 根据受光关系，使用 BG106 号马克笔以点笔法丰富后方绿色植物的层次。

■ BG106

10 根据受光关系，分别使用 R148 和 YG30 号马克笔的细笔头勾线，加强左侧红色植物和右侧黄绿色植物的暗部。

■ R148　■ YG30

11 根据受光关系，使用 BV192、BV195、Y5、R140 号马克笔分别为画面右中部花卉植物的花朵着色。

■ BV192　■ BV195　■ Y5　■ R140

12 根据受光关系，使用 YG264 号马克笔绘制地被植物的投影。

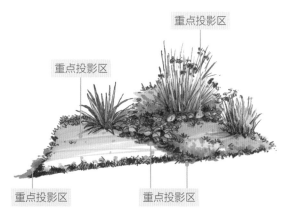

重点投影区
重点投影区
重点投影区
重点投影区

■ YG264

13 根据受光关系，使用修正液分别以点笔和划线绘制本组植物的高光，完成最终效果图。

点笔绘制高光

划线绘制高光

划线绘制高光

点笔绘制高光

点笔绘制高光

4.1.2 前景植物、背景植物马克笔表现

前景：颇具园林设计中"借景"的意味，指的是画面中离观者最近，且与画面主体保持一定距离的部分，其主要作用在于强调画面层次，引导主体。背景：中景之后的部分，通常在地平线后面，其主要作用在于推进画面层次，衬托中景。

在景观手绘效果图中，处于画面前景位置的植物叫作前景植物，通常以半树或角树较为常见，前景植物的表现需尽量写意，形体概括，对比强烈，进而更好地引导与突出中景。处于画面背景位置的植物叫作背景植物，在景观手绘效果图中以树丛最为常见，刻画背景植物时，要概括、虚化处理，其翔实程度不能超过前景植物，且远弱于中景植物，起到衬托作用。

为了使读者能够更加清晰地了解前景植物和背景植物在景观手绘效果图中的作用及画法，下面以简化的室外场景为例，讲解前景树和背景树的手绘方法，需注意植物在构图中的位置与比例关系、植物结构的线稿绘制，以及室外场景的色彩表现。

使用工具 铅笔、签字笔、马克笔、高光笔等。

01 推荐使用 1/2 张 A4 幅面的手绘纸，用铅笔在纸面垂直方向自上至下大约 2/3 高度的位置画出视平线，在视平线靠近纸边的两端确定灭点 O 和 O'。按照两点透视规律，用铅笔画出象征主体构筑物的长方体。

注意 该长方体大小要适应画面构图比例，体量适中。

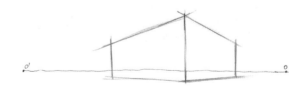

02 用铅笔画出地平线 L，然后在图面左侧画出前景树的轮廓线。

前景树树枝分杈的最低处，要高于长方体左上角点 B。

地平线 L 的定位要高于长方体落地的角点 A，低于视平线。

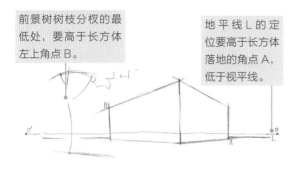

03 用铅笔画出背景树的轮廓线。

注意

根据画面左右构图的平衡关系设置背景树的高低起伏——左低右高，弧线要流畅。

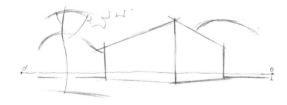

04 用 0.5mm 签字笔完成场景的线稿。

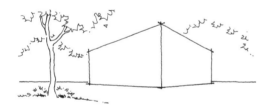

05 设定光源在画面左上方，根据受光关系，用 191 号马克笔以点笔法加重前景树、背景树的暗部。

用 191 号马克笔的细笔头绘制划线，穿插于黑点之间，以示背景树丛中的枝干。

加重背景树的暗部时，要靠齐长方体边线，以便更好地突出主体构筑物造型。

■ 191

06 根据受光关系，长方体左立面为亮面、右立面为暗面，用 PG38 号马克笔为长方体左立面着色，用 PG41 和 GG64 号马克笔分别为长方体右立面的暗部和反光着色，用 NG280 号马克笔绘制长方体在地面上的投影。

□ PG38　■ PG41　■ GG64　■ NG280

07 根据受光关系，使用 G57 号马克笔以斜向扫笔法为前景树树冠着色，再用该笔为树下绿地着色。用 BG107 号马克笔以点笔法绘制枝叶穿插处后面的树叶，增强树冠进深方向的层次感。

用 G57 号马克笔以斜向扫笔法按照从右向左的顺序为树冠着色。

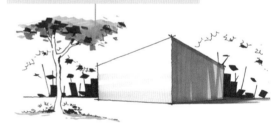

■ G57　■ BG107

08 根据受光关系，用 E132 号马克笔为前景树的树干、树枝着色，用 Y3、G60 号马克笔，以斜向搓笔法分别为前景树下的两棵低矮植物着色。

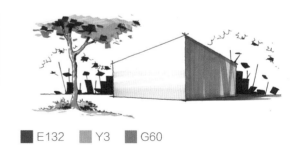

■ E132　■ Y3　■ G60

09 根据受光关系，用 E133 号马克笔加重前景树的树干、树枝暗部，用 Y5、G61 号马克笔以点笔法分别加强前景树下两棵低矮植物的暗部。

■ E133　■ Y5　■ G61

10 根据受光关系，用 YG264 号马克笔绘制前景树在地面上的投影。

 注意　灵活运用马克笔笔触，点、线、面相结合，体现植物叶、枝、冠之间的结构关系。

■ YG264

11 用 G58 号马克笔以搓笔、点笔相结合的方法为背景树着色。

运用马克笔的点笔法绘制背景树边际线，使之更加自然。

■ G58

12 根据受光关系，使用高光笔绘制前景树和背景树枝干的高光，用签字笔以排线方式加重前景树在地面上投影的局部，丰富层次。完成最终效果图。

2美元 2022.7.14

 提示　本案例将前景植物和背景植物的绘制方法与室外场景融合在一起完成示范，体现出更为完整的马克笔上色过程。希望读者从中体会马克笔上色的整体流程感，着眼宏观角度，不要局限在某一局部的技法之中。

4.2 人物马克笔表现

受体量和比例关系的限制，人物在景观手绘效果图中属于配景类的"点状要素"，主要起注释环境、活跃画面空间和烘托场景气氛的作用。因此，对人物的处理不必太精细，只需表现出其轮廓特征即可。为了突出人物"点状"特征和实现个性化表达，往往对结构复杂的人物进行高度概括与夸张，形成适应于室外场景的、易于快速大量绘制的且具有一定风格的简笔人物。景观手绘效果图中的简笔人物有多种画法，读者熟练掌握几种即可。

景观手绘效果图中的人物详略程度与场景尺度大小有关。场景尺度越大，人物在场景中的比例就越小，人物需表达得越概括；场景尺度越小，人物在场景中的比例就越大，人物需表达得越具体。

4.2.1 抽象人物马克笔表现

下面讲解抽象人物的手绘方法，需注意人物造型的绘制方法、比例关系和动态表达。

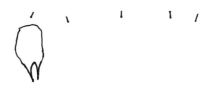

使用工具 中性笔、马克笔等。

01 选用 1/2 张 A4 幅面的手绘纸，用中性笔以短线示意抽象人物的头部。

 注意 虽然抽象人物的头部形体概括，但应考虑其动态因素，不能使用圆圈或圆点示意（易造成比例失调或呆板），要使用不同角度的短线，呈现出人物朝不同方向观望的动感。

02 使用中性笔以拖线绘制左边第一个抽象人物的身体，完成第一个完整人物。

 延伸 抽象人物看似简单，但其结构绘制还是有一定要领的。

头部和肩部之间要略微断开，以示颈部。

两腿内侧呈弧线，且一长一短，以表现步行动态。

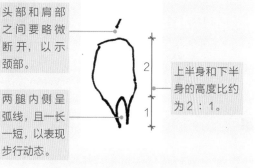

上半身和下半身的高度比约为 2：1。

03 按照步骤 02 的方法，使用中性笔以拖线绘制所有位置靠前的抽象人物的身体。

 注意 绘制抽象人物的身体时可适当区分人物的高矮胖瘦，且应体现出人物行进动态的区别。

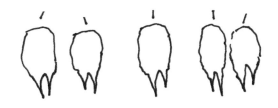

04 使用中性笔以拖线绘制处于靠后位置的抽象人物。设定光源在画面左上方，根据受光关系，用 191 号马克笔的细笔头绘制所有人物在地面上的投影。

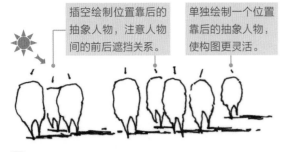

插空绘制位置靠后的抽象人物，注意人物间的前后遮挡关系。

单独绘制一个位置靠后的抽象人物，使构图更灵活。

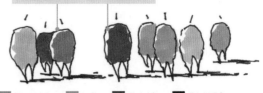

为人物上半身着色时要适当为高光留白，不要全部铺满。

■ BV192	■ Y5	■ R140	■ RV150
■ B241	■ YR160		

■ 191

05 根据受光关系，用 BV192、Y5、R140、RV150、B241、YR160 号马克笔分别为图中各抽象人物的上半身着色。

06 使用 191 号马克笔的细笔头加重所有人物的双腿，适当点出人物肘部与躯干之间的缝隙。完成最终效果图。

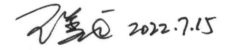

绘制人物肘部与躯干之间的缝隙，有利于突出人物手臂的位置，使画面更加生动。

■ 191

4.2.2　简笔人物马克笔表现

下面讲解两个简笔人物的手绘方法，需注意人物结构的绘制和色彩关系的表达。这部分内容比较适合有人物速写功底的读者学习，无基础者可选做。

01 推荐使用 1/2 张 A4 幅面的手绘纸竖版构图，用铅笔简要勾勒出人物的轮廓。

注意 两个人物的前后位置和比例关系要准确。

使用工具 铅笔、中性笔、0.1mm 针管笔、马克笔、高光笔等。

02 用中性笔绘制人物的线稿。

 注意 人物面部结构比较精细，绘制时可选用 0.1mm 针管笔。

03 设定光源在画面左上方，根据受光关系，用中性笔以排线的方式加重人物的头发、服饰阴影及地面投影。

04 使用 E246 号马克笔为男青年皮肤着色，用 E172 号马克笔为女青年皮肤着色。

 注意 根据受光关系，用马克笔为人物皮肤着色时应适当为高光部分留白。

■ E246   ■ E172

05 根据受光关系，使用 E246、E247、NG279、NG280 号马克笔为人物的服饰着色。

 注意 为服饰的高光部分适当留白。

使用 NG279 号马克笔着色亮部；使用 NG280 号马克笔着色暗部。

使用 E247 号马克笔着色。

使用 NG280 号马克笔着色。

使用 E246 号马克笔着色亮部；使用 E247 号马克笔着色暗部。

使用 NG280 号马克笔着色。

使用 E246 号马克笔着色。

■ E246   ■ E247   ■ NG279   ■ NG280

06 根据受光关系，使用 PG39、E168、E169、BG88 号马克笔继续为人物的服饰着色。

使用 PG39 号马克笔着色。

用 E168 号马克笔着色亮部；用 E169 号马克笔着色暗部。

使用 BG88 号马克笔着色。

用 E168 号马克笔着色皮鞋表面；用 E169 号马克笔着色皮鞋边缘。

■ PG39　■ E168　■ E169　■ BG88

07 根据受光关系，使用 PG40、E133、BG85、BG88 号马克笔完成全部着色。使用高光笔绘制人物服饰上的高光，使画面更加精致。完成最终效果图。

注意　人物的头发和女青年手里的手机使用 E133 号马克笔着色。

男青年上衣装饰条纹、人物肌肤上的阴影，使用 PG40 号马克笔着色。

女青年袜子的暗部使用 BG85 号马克笔着色。

使用 BG88 号马克笔着色。

■ PG40　■ E133　■ BG85　■ BG88

4.3　简笔汽车马克笔表现

　　交通工具在景观手绘效果图中属于配景范畴，其主要作用是活跃画面空间和烘托场景气氛。环艺设计手绘中，根据场景的大小和交通工具的位置，对交通工具的刻画可简可繁。

　　下面讲解一辆 SUV 汽车的手绘方法，需注意汽车结构的线稿绘制和色彩关系表达。

使用工具	铅笔、签字笔、中性笔、马克笔、高光笔、修正液等。

01 推荐使用 1/2 张 A4 幅面的手绘纸。将汽车整体看作是由两个等宽长方体上下叠加组合而成的体块。根据两点透视关系，用铅笔先定位视平线和两个灭点 O、O'（在左侧画面外），再画出上下两个长方体的组合造型。

02 根据两点透视规律，用铅笔绘制汽车挡泥板和轮胎的轮廓。

绘制轮胎轮廓前，应根据两点透视规律，先画出横纵向中轴线，再画出透视圆形，最后绘制轮胎厚度。

汽车底盘需抬高至轮胎中心以上的高度。

03 根据两点透视规律，用铅笔绘制汽车轿厢和车门的结构。

 注意 不要忘记汽车前风挡玻璃的雨刷器和倒车镜的轮廓绘制。

04 根据两点透视规律，用铅笔仔细绘制汽车各部件的细节结构。

05 用 0.5mm 签字笔按照由近及远的顺序绘制汽车结构细节。

06 使用 0.5mm 签字笔完成汽车全部结构的绘制。

07 设置光源在画面左上方，根据受光关系，用中性笔以排线的方式绘制汽车外观的暗部和阴影，汽车在地面上的投影，以及汽车轿厢内部车顶棚、座椅、方向盘、车门框的暗部。

重视挡泥板洞口投影的刻画。

08 根据受光关系，用 191 号马克笔加重汽车视觉中心区域暗部和投影最深处，使造型更有冲击力。

■ 191　视觉中心区域。

09 本例所绘制的汽车通体呈红色，因此要选择红色系马克笔为之着色。根据受光关系，用 R143 号马克笔为车身的亮面和部分不锈钢结构表面的反光着色。

用 R143 号马克笔为前车灯和保险杠的亮部反光着色。

用 R143 号马克笔为车身防震条和踏板的亮部反光着色。

■ R143

10 根据受光关系，用 R215 号马克笔为车身各结构的左立面（即灰面）着色。

■ R215

11 根据受光关系，用 R140 号马克笔为车身各结构的右立面（即暗面）着色，用 R142 号马克笔加深车身暗面的局部结构，使明暗层次更加分明。

前保险杠具有转折结构，可用 R140 号马克笔加深暗部。

挡泥板具有坡面结构，可用 R140 号马克笔加深靠下位置的暗部。

暗部用 R142 号马克笔加深。

■ R140　■ R142

12 根据受光关系，用 NG279、GG66 号马克笔为汽车轮胎着色，用 NG278 号马克笔为汽车踏板着色，用 YG264 号马克笔为汽车底盘和挡泥板内立面着色，用 BG86 号马克笔为汽车轮毂、防震条、车标、车牌等金属构件着色。

汽车轮胎各面先用 NG279 号马克笔平涂，再用 GG66 号马克笔加重轮胎纹理的缝隙。

用 YG264 号马克笔着色

■ NG279　　■ GG66　　■ NG278
■ YG264　　■ BG86

13 根据受光关系，用 NG279 号马克笔为汽车踏板右立面、轮毂暗面和阴影着色，用 BG88 号马克笔为汽车轮胎、挡泥板上的投影着色。

■ NG279　　■ BG88

14 根据受光关系，用 R215、R140、GG66、E132 号马克笔完善汽车车身及各结构投影的颜色。

用 E132 号
马克笔为投
影着色。

用 E132 号马克笔着色。

用 GG66 号马
克笔着色。

倒车镜固有
色面用 R215
号马克笔着
色，暗面用
R140 号马克
笔着色。

■ R215　　■ R140

■ GG66　　■ E132

15 根据受光关系，用 B240、BG85、BG86
号马克笔为车窗玻璃着色，用 E246 号马克笔为
车前灯着色。

前风挡玻璃用
B240 号马克笔
着色。

先用 BG85 号马克笔铺色，再用
BG86 号马克笔叠加斜向笔触。

■ B240　　■ BG85　　■ BG86　　■ E246

16 根据受光关系，用 BG86 号马克笔为车前
灯上的投影着色，用 BG107 号马克笔为汽车在
地面上的投影着色。

■ BG86　　■ BG107

17 根据受光关系，使用高光笔和修正液绘制汽
车各主要结构的高光。完成最终效果图。

延伸

修正液涂抹法可为光滑表面添加较为自然
的高光效果，具体技法如下图所示。
① 在有马克笔底色的画面上挤出一定量的
修正液。② 趁修正液未干，迅速用手指自右上向左
下擦过修正液，形成飞白效果。

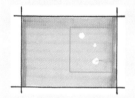

汽车前风挡玻璃的高光处，可用修正液涂抹法增强质感。

王强 2022.7.15

4.4 天空渲染训练

在景观手绘效果图中，天空在画面中所占面积较大，它作为背景既不能被忽略也不能被过度强调，需要在弱对比的基础上体现层次关系。本节介绍三种比较实用的表现天空的手绘方法供参考。

4.4.1 马克笔渲染法

下面讲解使用马克笔渲染天空的手绘方法，需注意运笔方法和绘制顺序。

使用工具 中性笔、马克笔等。

01 选用 1/2 张 A4 幅面的手绘纸，直接用中性笔绘制室外场景模拟图线稿，立方体代表主体构筑物。

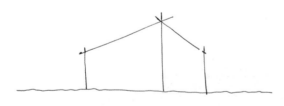

02 设置光源在画面左上角，使用 R215 号马克笔为立方体左立面着色。用 R142 号马克笔为立方体右立面着色，运用笔触过渡，为反光部分留白。用 GG64 号马克笔以竖向扫笔法为立方体暗面反光部分着色，用 G58 号马克笔为背景树着色，用 YG44 号马克笔绘制长方体下方的绿地。

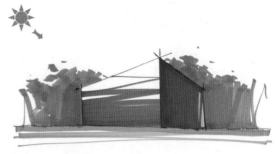

■ R215　■ R142　■ GG64

■ G58　■ YG44

03 开始为天空着色，先用 B240 号马克笔以搓笔法铺满天空与建筑、背景树之间夹角的颜色，再进行后续操作。

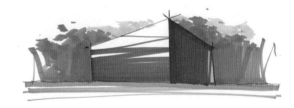

■ B240

04 使用 B240 号马克笔以左右弧线扫笔法完成左半部分大面积天空的着色。

由该位置向左上以左右弧线扫笔法绘制天空。

左右弧线扫笔法：以下凹弧线左右扫笔，形成绘制天空的基本笔法。

■ B240

05 使用 B240 号马克笔以左右弧线扫笔法完成右半部分大面积天空的着色，用 YG266 号马克笔以排笔和点笔相结合的方法加重背景树的暗部，再用该笔绘制长方体的地面投影。完成最终效果图。

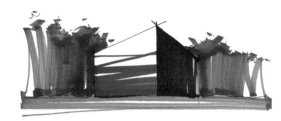

- R215
- R148
- GG64
- G58
- YG44

为使天空效果通透，需要空出足够的留白空间。

适当运用点笔，实现马克笔边缘与留白之间的和谐过渡。

- B240
- YG266

4.4.2　色粉渲染法

下面讲解使用色粉渲染天空的手绘方法，需注意绘制顺序。

使用工具 中性笔、马克笔、色粉、纸巾等。

01 选用 1/2 张 A4 幅面的手绘纸，直接用中性笔绘制室外场景模拟图，立方体代表主体构筑物。设置光源在画面左上角，使用 R215 号马克笔为立方体左立面着色，用 R148 号马克笔为立方体右立面着色，运用笔触过渡，为反光部分留白。用 GG64 号马克笔以竖向扫笔法为立方体反光部分着色，用 G58 号马克笔为背景树着色，用 YG44 号马克笔绘制长方体下方的绿地。

02 先选用群青色的色粉笔，以搓笔法为天空的上半部分着色。再选用淡黄色的色粉笔，以搓笔法为天空的下半部分着色。

注意 这里色粉的效果略显生硬，但不要纠结，后续操作必有惊喜！

群青和淡黄色粉之间的留白作为过渡带，为后续白云的绘制做好准备。

03 将一张干净的餐巾纸折叠成三角形，用手掐住，轻轻揉擦之前所涂的色粉，并逐渐扩展晕染。经揉擦后，天空色彩变得分外柔和，初具效果。

04 选用白色色粉笔，在天空的中部绘制云朵。

以弧线轨迹运笔
绘制云朵。

05 直接用手指揉擦云朵，使之适当虚化，进而使云朵颜色更加自然地融入画面。

用手指揉擦云朵时，应以弧线轨迹揉擦，另外要注意揉擦云朵下部与天空颜色衔接的部分，使之融合，增强云朵的层次感和空间感。

06 用橡皮擦掉覆盖在背景树和几何体块上的色粉，使主体轮廓更加清晰。完成最终效果图。

4.4.3 综合渲染法

下面讲解运用马克笔与彩色铅笔相结合渲染天空的手绘方法，需注意绘制顺序。

使用工具 中性笔、马克笔、彩色铅笔等。

01 选用 1/2 张 A4 幅面的手绘纸，直接用中性笔绘制以下室外场景模拟图，立方体代表主体构筑物。设置光源在画面左上角，使用 R215 号马克笔为立方体左立面着色。用 R148 号马克笔为立方体右立面着色，运用笔触过渡，为反光部分留白。用 GG64 号马克笔以竖向扫笔法为立方体反光部分着色，用 G58 号马克笔为背景树着色，用 YG44 号马克笔绘制长方体下方的绿地。

■ R215　■ R148　■ GG64
■ G58　■ YG44

02 使用 B240 号马克笔先勾勒出天空中大片白云的外边际线，再以横向排笔法铺满白云外边际线以上天空的颜色。

■ B240

白云外边际线要起伏多变、流畅自然。

03 根据受光关系，使用 NG276 号马克笔以左右弧线扫笔法绘制大片白云的灰部和暗部，再用 B240 号马克笔以左右弧线扫笔法为白云之下远处的天空着色，然后用 BG62 号马克笔以竖向排笔法补齐背景树两侧留白部分，使画面色彩饱满。

远处天空用 B240 号马克笔以左右弧线扫笔法着色。

■ NG276　■ B240　■ BG62

04 使用群青色彩色铅笔以排线法增强白云上部蓝色天空的层次感，使用紫色彩色铅笔以排线法加重白云暗部和远处天空，增强白云的空间延伸感。完成最终效果图。

4.5　景观小品马克笔表现

完成了各种基础元素的训练，我们有必要从景观的角度进行组合训练，进而提高对景观主体物的掌控能力，为后续综合场景训练打下坚实的基础。为了掌握典型案例的马克笔表现方法，下面精选人工景观小品、绿植景观小品、水景小品这三类景观小品进行步骤演示，以期达到举一反三的效果。

4.5.1　人工景观小品马克笔表现

下面讲解一组现代景观亭的手绘方法，除了常规的造型与上色方法，还要注意木材、石材等材料的质感表现，以及景观亭在自然光照射下的光影关系表达。

使用工具 铅笔、签字笔、中性笔、马克笔、彩色铅笔、高光笔、直尺等。

01 建议选用 A4 幅面的手绘纸。在纸张略低于 1/2 垂直高度的地方，用铅笔定位出视平线的位置，该图为一点透视，将灭点 O 定位在画面偏右的位置。

02 根据一点透视规律，用铅笔按照比例画出长方体结构，作为景观亭的轮廓框架。

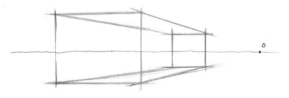

03 根据一点透视规律，用铅笔在长方体轮廓的基础上，进一步画出景观亭各部分结构的主要轮廓。

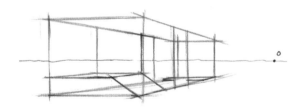

04 根据一点透视规律，用铅笔绘制景观亭各部分的主要结构，完成铅笔底稿。

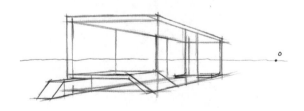

05 使用 0.5mm 签字笔为景观亭添加墨线。用弧线绘制景观亭的倒圆角结构。

倒圆角结构线条要光滑、干净利落。

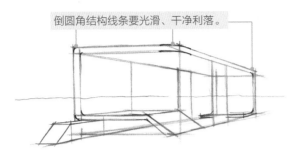

06 用直尺辅助 0.5mm 签字笔绘制景观亭的主要结构线。

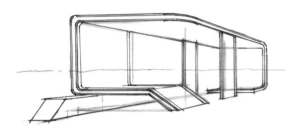

07 用直尺辅助中性笔绘制景观亭的木格栅结构线。

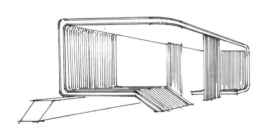

08 设定光源在画面右上方，根据受光关系，用直尺辅助中性笔绘制景观亭各处投影轮廓线。

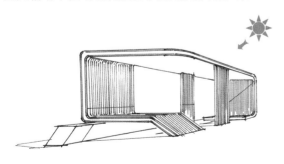

09 根据受光关系，用中性笔以排线方式绘制景观亭在地面上的投影，以及左下角石材构件右立面上的投影。

10 根据受光关系，先用黑色点柱笔的细笔头画线加重景观亭木格栅结构缝隙，再用点柱笔粗笔头加重景观亭地面投影较深处。

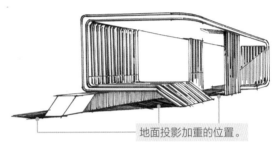

地面投影加重的位置。

11 根据受光关系，景观亭各结构的右立面和座位面为亮面，正面和顶平面为暗面。用 E174 号马克笔为景观亭各结构的右立面着色，各座位面适当留白。

位于投影或暗部的区域，可用 E174 号马克笔适当着色，不做严格要求。

倒圆角结构分段留出高光，以示自然的转折。

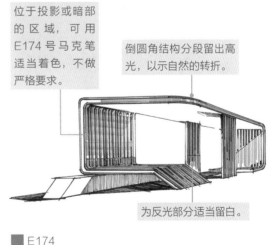

为反光部分适当留白。

■ E174

12 根据受光关系，用 E168、E169 号马克笔为景观亭各木材结构的正立面着色，用 NG278 号马克笔为景观亭左下角石材构件的顶面着色，用 NG279 号马克笔为该石材构件的右立面着色，用 NG280 号马克笔为该石材构件的正立面着色。

除该正立面使用 E168 号马克笔着色外，其余木材结构的正立面部分均用 E169 号马克笔着色。

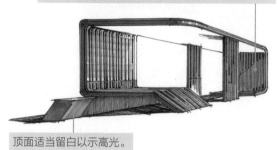

顶面适当留白以示高光。

■ E168　■ E169　■ NG278

■ NG279　■ NG280

13 根据受光关系，用 E132 号马克笔为景观亭顶平面着色，靠后的部分适当为反光留白，用 GG64 号马克笔以扫笔法为景观亭的反光部分着色。

用 GG64 号马克笔为反光部分着色。

■ E132　■ GG64

14 用 YG264、GG66 号马克笔分别为景观亭各部分投影着色，用 BG88 号马克笔为景观亭的地面投影着色，用 GG66 号马克笔以排笔法加重景观亭顶平面靠前部分颜色，丰富顶平面层次。

使用 GG66 号马克笔为投影着色。

使用 YG264 号马克笔为投影着色。

使用 YG264 号马克笔细笔头加重木格栅的木条暗部。

■ YG264　■ GG66　■ BG88

15 使用熟褐色彩色铅笔为景观亭顶平面和左下角石材构件的暗面着色，丰富层次、增强质感。

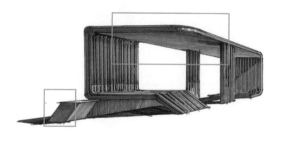

16 根据受光关系，使用高光笔绘制景观亭各主要结构的高光。完成最终效果图。

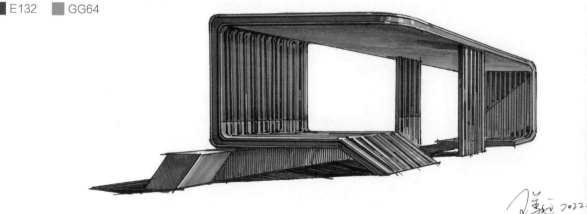

4.5.2　绿植景观小品马克笔表现

下面讲解一组绿植景观小品的手绘方法，除常规的造型与上色方法之外，还要注意置石和水体质感的表现。

| 使用工具 | 铅笔、签字笔、中性笔、点柱笔、马克笔、彩色铅笔、修正液等。 |

01 建议选择 A4 幅面的手绘纸，先用铅笔勾勒出各部分的主要轮廓。

02 使用 0.5mm 签字笔，完成该绿植景观各部分的主要轮廓和结构。

03 设定光源在画面左上方，根据受光关系，用中性笔以排线方式绘制绿植景观各部分的暗部和投影。

04 根据受光关系，先用黑色点柱笔的粗笔头加重植物树冠、置石的暗部和投影最深处，再用黑色点柱笔的细笔头加重松树树干的暗部和水面倒影的近岸处。

该植物叶片暗部需用点柱笔细笔头以点和线的笔触加重。

05 根据受光关系，用 YG24 号马克笔为草坪和黄绿色植物着色，用 G59 号马克笔为绿色植物着色，用 R144 号马克笔为红色植物着色。

受光部分适当留白。

■ YG24　■ G59　■ R144

06 根据受光关系，用 G57 号马克笔为松树的固有色（灰面）着色，用 BG84 号马克笔为松树的暗部着色，亮部留白。

边缘部分灵活使用点笔笔触。

■ G57　■ BG84

07 根据受光关系，用 G58、BG106 号马克笔为位置靠后的暗绿色植物着色，用 NG278 号马克笔为置石的灰部和暗部着色，亮部留白。

用 G58 号马克笔着色。

用 BG106 号马克笔着色。

■ G58　■ BG106　■ NG278

08 根据受光关系，用 BG95 号马克笔为水体着色，用 BV192 号马克笔为画面左下角砾石槽着色，用 PG39、E132 号马克笔为水池边着色。

用 BV192 号马克笔为砾石暗部和间隙着色，亮部留白。

用 PG39 号马克笔为水池边平面着色，用 E132 号马克笔为水池边立面着色。

■ BG95　■ BV192　■ PG39　■ E132

09 根据受光关系，用 BG86、NG279 号马克笔为置石的灰部和暗部加重颜色，用 PG39 号马克笔为置石的反光部分着色。

用 NG279 号马克笔着色。

用 NG279 号马克笔着色。

用 BG86 号马克笔着色。

用 PG39 号马克笔着色。

■ BG86　■ NG279　■ PG39

10 根据受光关系，用 Y17、Y9 号马克笔为黄色植物着色，用 PG41 号马克笔为松树树干和中间置石在其后面绿色植物上的投影着色，用 182 号马克笔以扫笔法为置石亮部着色，用 NG278 号马克笔为右下角置石补色。

用 NG278 号马克笔着色，适当为高光留白。

用 182 号马克笔着色，适当为高光留白。

用 Y17 号马克笔为植物亮部着色，用 Y9 号马克笔为植物暗部着色。

用 PG41 号马克笔着色。

■ Y17　■ Y9　■ PG41　■ 182　■ NG278

11 根据受光关系，用 G60、YG30、R148 号马克笔以点笔法分别为绿色、黄绿色和红色植物的暗部着色，增强植物立体感。

■ G60　■ YG30　■ R148

12 根据受光关系，用 YG26 号马克笔以扫笔法为草地和右下角黄绿色植物增加层次，用 G58 号马克笔以点笔法加重松树树冠的暗部，用 BG97 号马克笔加重水体近岸处的颜色，强调水体边界，丰富水面层次，用 NG279 号马克笔为右侧较大置石顶部投影着色。

用 YG26 号马克笔为该植物灰部着色，使之过渡自然。

用 NG279 号马克笔着色。

用 BG97 号马克笔以细笔触为落水的厚度着色，增强其体积感。

用 YG26 号马克笔着色，由后向前，笔触逐渐变细，与之前绘制的草坪底色自然过渡。

■ YG26　■ G58　■ BG97　■ NG279

13 根据受光关系，用 YG264 号马克笔为各部分的投影着色，并用该笔为画面左下角的砾石槽边框着色。用 E124 号马克笔以斜向扫笔法为右侧较大置石的亮部适当叠色，丰富色彩变化和层次感。

用 E124 号马克笔扫笔着色，笔触需干净利落。

用 YG264 号马克笔着色。

■ YG264　■ E124

14 使用熟褐色彩色铅笔以排线方式为置石、植物、草坪着色，用群青色彩色铅笔加重水面近岸处，增强层次感。

15 根据受光关系，使用修正液绘制画面中植物、置石、水面的高光，再用修正液以点笔笔触绘制跌水在水面溅落的水花，活跃画面。完成最终效果图。

4.5.3　水景小品马克笔表现

　　下面讲解一组水景小品的手绘方法，除常规的造型与上色方法之外，还要注意水体和石笼网墙的质感表现，以及高光笔在表现装饰图案时的灵活运用。

| 使用工具 | 铅笔、签字笔、中性笔、马克笔、彩色铅笔、修正液、直尺等。 |

01 建议选用 A4 幅面的手绘纸，在纸张略低于 1/2 垂直高度的地方，用铅笔定位出视平线的位置，该图为两点透视，将灭点 *O* 和 *O'* 定位在画面两侧的位置。根据透视规律，用铅笔按照比例画出景墙和水面汀步石的大致位置。

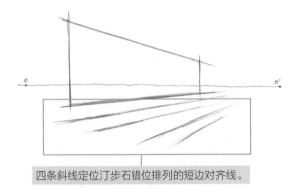

四条斜线定位汀步石错位排列的短边对齐线。

02 根据透视规律，用铅笔绘制景墙、绿植、汀步石的主要结构。

注意　长直线可用直尺辅助铅笔绘制。

03 根据透视规律，用 0.5mm 签字笔按照由近及远的顺序，绘制汀步石和画面左侧植物的结构线。

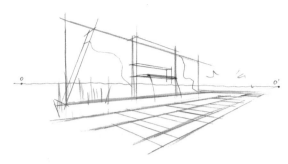

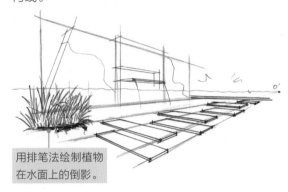

用排笔法绘制植物在水面上的倒影。

04 根据透视规律，用 0.5mm 签字笔按照由近及远的顺序，绘制景观墙、画面右侧水岸和植物的结构线。

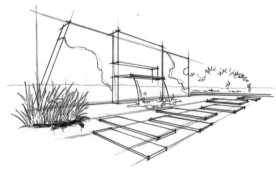

05 根据透视规律，用中性笔按照由近及远的顺序，绘制石笼网墙的钢丝网结构线。

06 设定光源在画面右上方，根据受光关系，使用中性笔以排线法绘制景观墙凸起部分的暗部和投影，再用该笔绘制汀步石和景墙在水面的倒影。

以排线法表现落水在景墙上的投影，可增强落水的真实感。

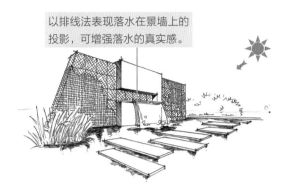

07 根据受光关系，使用黑色点柱笔加强画面各部分的暗部和投影。

用点柱笔细笔头以点笔法点缀钢丝网格的空隙，做到疏密有致。

用点柱笔粗笔头加深植物暗部，注意与景墙边线靠齐。

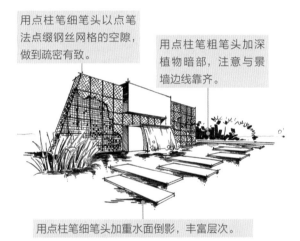

用点柱笔细笔头加重水面倒影，丰富层次。

08 根据受光关系，用 BG85 号马克笔为石笼网墙钢丝网内的水泥墙部分及水面部分着色，用 PG39 号马克笔为石笼网墙钢丝网内的碎石子部分及水面部分着色，用 YG26 号马克笔为画面左侧植物着色。

用 BG85 和 PG39 号马克笔为水面适当着色，以示反光。

水泥墙部分

碎石子部分

用 PG39 号马克笔为水面适当着色，以示反光。

▢ BG85　▢ PG39　▢ YG26

09 根据受光关系，用 182 号马克笔以扫笔法为汀步石平面着色，用 183 号马克笔为汀步石右立面着色，用 BG95 号马克笔为水体和落水着色。

高光部分适当留白。

▢ 182　▢ 183　▢ BG95

10 根据受光关系，用 YR160、YR161、E133 号马克笔为景墙凸起部分的橙红色造型着色，用 NG279、NG280 号马克笔为其上的深灰色喷水口着色。

用 NG279 号马克笔着色。

用 E133 号马克笔着色。

用 NG280 号马克笔着色。

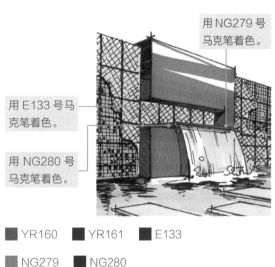

▢ YR160　▢ YR161　▢ E133

▢ NG279　▢ NG280

11 根据受光关系，用 R143 号马克笔为景墙凸起部分橙红色造型和落水的反光着色，再用该马克笔为橙红色造型在水面上的反光着色，用 GG66 和 YG264 号马克笔为景墙上的投影着色，用 GG66 号马克笔为石笼网墙钢丝网内的水泥墙暗部着色。

用 GG66 号马克笔着色。

用 YG264 号马克笔着色。

■ R143　■ GG66　■ YG264

12 根据受光关系，用 YG30 号马克笔为画面左侧植物的暗部着色，用 YG264 号马克笔细笔头以点笔法点缀钢丝网格的空隙，丰富石笼网墙的层次，增强质感，再用该马克笔为石笼网墙的左立面着色。用 PG39 和 PG40 号马克笔为画面右侧水岸着色，用 G58 号马克笔为画面右侧植物着色。

水岸平面用 PG39 号马克笔着色，水岸立面用 PG40 号马克笔着色。

■ YG30　■ YG264　■ PG39
■ PG40　■ G58

13 根据受光关系，用 YG264 号马克笔为汀步石的左立面着色，用 BG97 号马克笔为水面和落水叠色，丰富画面层次，用 BG86 号马克笔为画面右侧较远水面叠色，增强空间感。

用 BG86 号马克笔叠色。

■ YG264　■ BG97　■ BG86

14 用 BG107 号马克笔为水面倒影叠色，丰富画面层次。

■ BG107

15 使用赭石色彩色铅笔以排线方式为汀步石的亮部和画面右侧水岸着色，增强汀步石的石材质感。

16 根据受光关系，使用高光笔绘制景观墙各结构的高光线，再以该笔绘制橙红色墙面上的树枝形图案。使用修正液以点笔笔触绘制跌水在水面溅落的水花。

用高光笔绘制石笼网墙主要钢筋的高光。

用修正液涂抹法添加落水顶部的流水效果。详细技法参见 4.3 节步骤 17 的延伸。

17 根据受光关系，使用修正液绘制植物和水面的高光。完成最终效果图。

4.6 本讲小结

本讲解读了植物、人物、简笔汽车的马克笔表现方法，并进行了天空渲染、景观小品的马克笔综合技法训练。读者应在熟练掌握马克笔笔法的基础上，重点掌握综合运用彩色铅笔、高光笔、修正液等辅助工具深入刻画元素光影和质感的技法，培养具有一定应用性的手绘能力。课下还需加强对植物、人物、交通工具、景观小品的马克笔表现训练，力求结构严谨、明暗准确、光影合理、色彩和谐、对比鲜明，为后续进行场景效果图马克笔训练打好基础。

4.7 本讲作业

在本讲示范内容的基础上，大家还需进一步丰富和拓展植物、人物、交通工具、景观小品的训练，通过一定量的练习，深入掌握综合运用马克笔及辅助工具表现不同事物的方法。在做作业时，需要进一步提高绘制各种植物和曲面形体的能力，加强对彩色铅笔、高光笔、修正液等辅助工具的运用能力。在完成本讲作业的基础上，大家还可以自行寻找素材进行临摹训练，做到举一反三。

本讲作业要求进行植物马克笔表现训练、简笔人物马克笔表现训练、交通工具马克笔表现训练、景观小品马克笔表现训练，幅面以 A3 为佳（除了简笔人物马克笔表现训练）。训练内容可参考后面提供的素材绘制，也可以自行寻找素材绘制。

简笔人物马克笔表现训练

对于环艺设计手绘中简笔人物的训练，仅仅掌握人物造型的绘制还不够，更重要的是在场景中为人物找到准确的比例与合理的位置。本练习需先将室外场景的主要元素绘制出来，包括代表主体构筑物的立方体、视平线 L、地平线 D，然后将视平线 L 作为人物身高的参照，每个站立的人（成年人）不论脚落在地面的哪个位置，头都要接近视平线高度，这样可以保证该场景内所有成年人的身高比例是合理的。另外，根据近实远虚、近大远小的规律，位置较为靠前的人物比例较大，绘制时可尽量选择相对具体的人物形象；位置较为靠后的人物比例较小，绘制时可尽量选择相对抽象的人物形象。

大家在做这项练习时，建议每版绘制不少于 20 个人物，幅面 A4，完成两版，具体参照下图。

绘制各种类型的人物，可从下图中挑选。

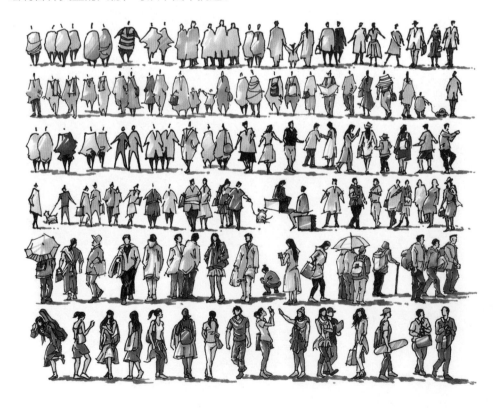

● **交通工具马克笔表现训练**

更多训练案例参见配书资源。

第 5 讲

马克笔室内家具
表现训练

家具不仅是室内空间功能得以实现的载体，也是设计文化
与内涵的体现。在室内手绘表现中，家具表现作为手绘基
础训练与空间场景训练的过渡阶段，对两者起重要的衔接
作用。

学习目标

本讲主要讲解室内单体家具和组合家具从铅笔起稿，到墨
线定型，再到马克笔表现的全流程。

学习重点

重点掌握各种家具的造型规律和着色技巧，要特别注意绘
制流程，这是后续进行室内场景手绘综合表现的重要基础。

单体家具马克笔表现

室内家具品类繁多，形式多样。在手绘时，需注重透视、比例、结构和明暗关系。为了帮助大家更好地掌握这些要点，本节精选座椅类、柜类、床具类三类典型的单体家具进行步骤演示，以期达到举一反三的效果。

5.1.1 座椅类

下面讲解单人沙发的手绘方法，需注意沙发造型规律和明暗关系的表达。

 使用工具 铅笔、签字笔、中性笔、马克笔、彩色铅笔、高光笔等。

01 建议选用 A4 幅面的手绘纸。在纸张中略高于 1/2 垂直高度的地方，用铅笔定位出视平线的位置，该图为两点透视，将灭点 O 定位在画面右侧、灭点 O' 定位在左侧画面外，两个灭点必须都在视平线上。

02 根据两点透视规律，用铅笔简要勾勒出沙发座位和靠背的大致轮廓。

> **注意** 当灭点 O' 位于画面之外时，绘制连接该点的透视线时不必强行找出该点，可参照视平线，目测判断该方向透视线的斜度，然后进行绘制。绘制轮廓时应以长方体组合进行概括，不要拘泥于细节。

03 根据两点透视规律，用铅笔绘制出沙发靠背的厚度、地面正投影及沙发腿。

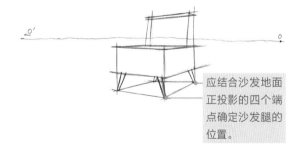

> 应结合沙发地面正投影的四个端点确定沙发腿的位置。

04 根据两点透视规律，用铅笔进一步绘制沙发的结构。

05 使用 0.5mm 签字笔，按照由近及远的顺序，绘制沙发及其地面正投影的结构。

 注意 运笔尽量平稳，保持线条的流畅感。

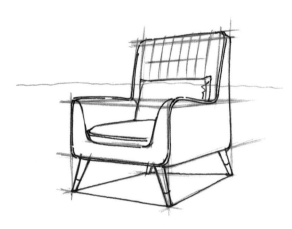

06 使用中性笔绘制沙发靠背结构。用橡皮擦去铅笔底稿，获得完整清晰的结构线稿。

07 设置光源在画面左上角，根据受光关系，使用中性笔以排线的方式画出沙发各结构的投影关系。

注意绘制结构衔接处的投影。

08 根据受光关系，使用黑色点柱笔的宽笔头加强沙发投影中颜色最深的区域，再用细笔头重点加强沙发腿和沙发装饰线等线状结构的暗部，并适当为反光部分留白。至此，线稿部分处理完毕。

 注意 使用细笔头加强沙发装饰线时，重点加强转折处，做好虚实关系的过渡。

细笔头加强

宽笔头加强

09 根据受光关系，沙发的顶面和左立面为亮部，右立面为暗部。使用 G56 号马克笔为沙发亮部上色，使用 G57 号马克笔为沙发暗部上色。

 注意 尽量使用马克笔的宽笔头以排线法着色，务求干净利落。为高光和反光部分适当留白。

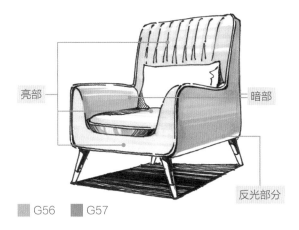

亮部 ────

──── 暗部

──── 反光部分

■ G56　■ G57

10 根据受光关系，使用 G57 号马克笔的细笔头为沙发靠背起伏结构的暗部勾线，体现其厚度。

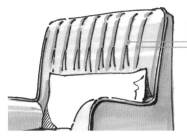

此类位置为沙发靠背起伏结构的暗部。

■ G57

11 根据受光关系，使用 NG279 号马克笔为靠枕和沙发腿的亮部着色，使用 NG280 号马克笔为靠枕和沙发腿的暗部着色。

■ NG279　■ NG280

12 根据受光关系，使用 Y17 号马克笔为沙发腿的金属构件着色，高光部分适当留白，使用 PG41 号马克笔为沙发地面正投影着色，使用 PG39 号马克笔以扫笔法为沙发暗部的反光着色。

用 PG39 号马克笔为反光部分着色。

用 Y17 号马克笔为沙发腿的金属构件着色。

■ Y17　■ PG41　■ PG39

13 根据受光关系，使用 PG41 号和 BG86 号马克笔为沙发的投影着色。

该处投影使用 BG86 号马克笔绘制，其余投影均使用 PG41 号马克笔绘制。

■ PG41　■ BG86

14 使用群青色彩色铅笔以排线法增强沙发暗部层次感。

15 先使用高光笔绘制沙发靠枕表面的白色条纹，再用 NG279 号马克笔以点笔法调节层次关系，然后使用 G56 号马克笔以斜向排笔法增强沙发立面的光泽感。

部分处于较暗区域的白色条纹用 NG279 号马克笔加以覆盖，使靠枕明暗关系更加准确。

用 G56 号马克笔着色。

■ NG279　■ G56

16 使用高光笔强调沙发的高光部分，完成最终效果图。

5.1.2　柜类

　　下面讲解一组陈设柜的手绘方法，需注意柜体和陈设物的结构绘制与色彩表现。

使用工具　铅笔、中性笔、马克笔、彩色铅笔、高光笔等。

01 建议选用 A4 幅面的手绘纸。在纸张略低于 1/2 垂直高度的地方，用铅笔定位出视平线的位置，该图为两点透视，将灭点 O 定位在画面左侧、灭点 O′ 定位在左侧画面外，两个灭点必须都在视平线上。根据两点透视规律，用铅笔简要勾勒出陈设柜的长方体外轮廓。

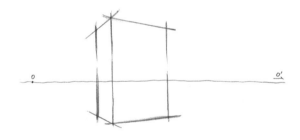

02 根据两点透视规律，用铅笔进一步绘制陈设柜的结构。

 注意　陈设柜的主要结构以等分分割为标准，绘制时需注意比例关系。

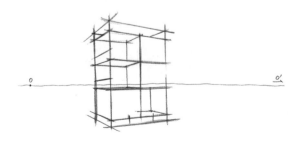

03 根据两点透视规律，使用中性笔绘制陈设柜上饰品的轮廓与结构。

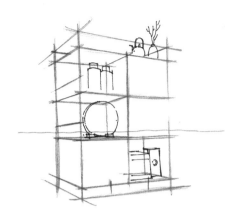

04 使用中性笔绘制陈设柜的全部结构。用橡皮擦去铅笔底稿，获得完整清晰的结构线稿。

根据透视规律刻画细节，防止"丢面"。

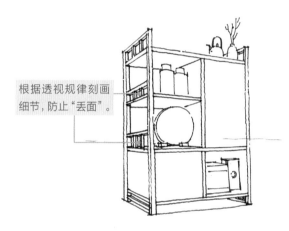

05 使用中性笔绘制陈设柜柜门的格栅结构和抽屉的立面结构。设置光源在画面右上角，根据受光关系，以排线法画出陈设柜的结构投影和地面上的正投影。

注意绘制结构衔接处的投影。

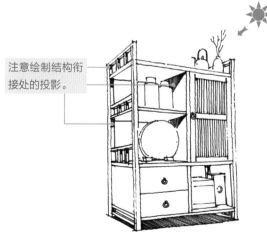

06 根据受光关系，使用黑色点柱笔的宽笔头加强陈设柜投影中颜色最深的区域，再用细笔头重点加强柜门格栅结构的缝隙及圆形茶砖的暗部，增强立体感。

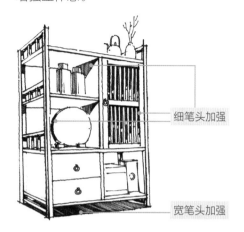

细笔头加强

宽笔头加强

07 根据受光关系，使用 E174 号马克笔为陈设柜各结构的顶面上色，使用 R130 号马克笔为陈设柜正立面上色。

> **注意** 使用马克笔宽笔头以排笔法着色，用笔要利落，靠线要整齐。

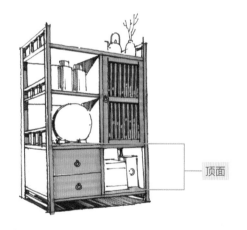

顶面

■ E174　■ R130

08 根据受光关系，先用 E169 号马克笔为陈设柜各结构的左立面上色，再用 YG264 号马克笔为陈设柜各结构的底面上色。

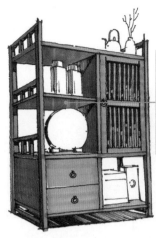

为陈设柜各结构的底面上色时，如果着色面积较大，可以使用YG264号马克笔先平涂一遍，再以纵向排笔法增强其层次感。

■ E169　■ YG264

09 根据受光关系，使用BG88号马克笔为陈设柜各结构的投影上色。

> 注意　为了增强画面冷暖对比效果，这里主观选择冷灰色为投影区域着色。

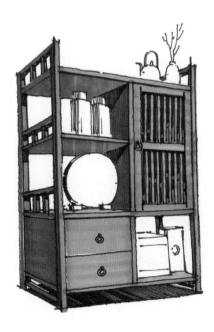

■ BG88

10 根据受光关系，使用E246、BG85、G57、Y17、R140号马克笔为陈设柜上的各种物品着色，使用BG86、NG279号马克笔为各物品的投影上色。

用NG279号马克笔为投影着色。

陈设柜上各种物品的亮部可适当留白。

用BG86号马克笔为投影着色。

用NG279号马克笔为投影着色。

■ E246　■ BG85　■ G57　■ Y17　■ R140
■ BG86　■ NG279

11 使用赭石色彩色铅笔以排线法增强陈设柜右立面的层次感，进一步表现木材的质感。

12 根据受光关系，使用高光笔绘制陈设柜的高光部分，完成最终效果图。

2022.5.22

5.1.3 床具类

下面讲解双人床的手绘方法，需注意床上各用品的造型和组合方法，以及织物材质柔软质感的表现。

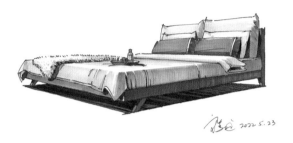

2022.5.23

使用工具 铅笔、签字笔、中性笔、马克笔、彩色铅笔、高光笔等。

01 建议选用 A4 幅面的手绘纸。在纸张略高于 1/2 垂直高度的地方，用铅笔定位出视平线的位置，该图为两点透视，将灭点 O 和 O' 定位在画面外。根据两点透视规律，用铅笔简要勾勒出床身与床头的长方体外轮廓。

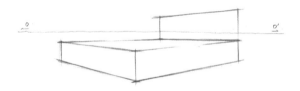

02 根据两点透视规律，用铅笔进一步绘制床身、床头、床腿、各类床品及床在地面上正投影的结构。

> 对于柔软的床品，需要根据床身结构的转折来绘制其形态的变化。

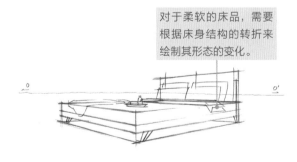

03 使用中性笔，按照由近及远的顺序，画出床身、床品及床在地面正投影的结构。

注意 运笔尽量平稳，保持线条的流畅感。

> 为了保持床品的柔软感，其转折线不需要施加墨线，保持留白状态即可。

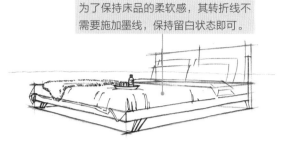

04 使用中性笔绘制双人床及床品的全部结构。用橡皮擦去铅笔底稿，获得完整清晰的结构线稿。

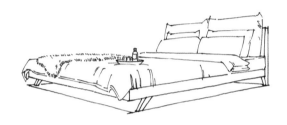

05 设置光源在画面左上角，根据受光关系，使用中性笔以排线法画出双人床各结构的投影，以及各结构在地面上的正投影。

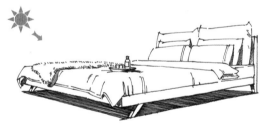

06 根据受光关系，使用黑色点柱笔的宽笔头加强双人床在地面上正投影颜色最深的区域，再用细笔头加强床身、床头、床品等物品的投影中颜色最深的区域。

宽笔头加强　　细笔头加强

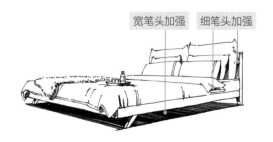

07 根据受光关系，使用 BG85 号马克笔为双人床的床罩和床头靠枕上色。

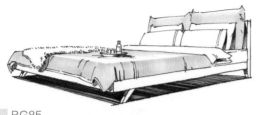

▨ BG85

延伸 在这个阶段，我们要表现室内形体的大体色彩关系，可以使用一支马克笔绘制物体各个面的颜色，运笔可参考以下方法来区分明、灰、暗三部分的层次关系。

亮面多留白。

灰面（固有色）用排笔法满铺一遍颜色。

暗面满铺一遍颜色之后再用排笔法叠加一遍笔触。

注意 这个阶段旨在绘制物体的第一遍大体色彩关系。如果在后期发现暗部不够深，可再叠加更深的颜色。

08 根据受光关系，使用 E246 号马克笔以点笔法为床罩上的毛毯着色，使用 PG38 号马克笔为床罩翻卷面的内侧着色，使用 NG279、E246 号马克笔为床头靠枕上色，使用 NG278、NG279 号马克笔为靠枕下方露出的部分床垫上色。

用 NG278、NG279 号马克笔着色。

用 PG38 号马克笔着色。

▨ E246　▨ PG38

▨ NG279　▨ NG278

09 根据受光关系，使用 R130 号马克笔以排笔法为双人床木制结构的灰面着色，使用 E169 号马克笔以排笔法为双人床木制结构的暗面着色。

▨ R130　▨ E169

10 根据受光关系，使用 R144、BG107、B241、BV192、NG279 号马克笔为双人床上的装饰品着色。

▨ R144　▨ BG107　▨ B241

▨ BV192　▨ NG279

11 根据受光关系，使用 BG86 号马克笔以排笔法加重双人床床罩和蓝灰色靠枕的暗部颜色，使用 NG280 号马克笔加重灰色靠枕的暗部颜色。

用 NG280 号马克笔着色。

用 BG86 号马克笔着色。

▨ BG86　▨ NG280

12 根据受光关系，使用 YG264 和 BG88 号马克笔为画面中各投影区域着色。

用 YG264 号马克笔着色。

用 BG88 号马克笔着色。

■ YG264　■ BG88

13 根据受光关系，使用 PG39 号马克笔加重毛毯和床罩翻卷面内侧的暗面，增强其立体感。

使用 PG39 号马克笔以点笔法加重毛毯暗部。

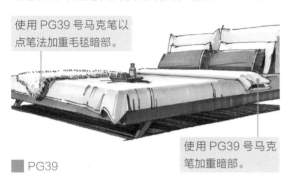

使用 PG39 号马克笔加重暗部。

■ PG39

14 使用群青色彩色铅笔以排线法加强床罩亮面和灰面，增强层次感，使用熟褐色彩色铅笔以排线法加强床罩、木床架、蓝灰色靠枕暗部的层次感。

15 根据受光关系，使用高光笔绘制画面各结构的高光部分。完成最终效果图。

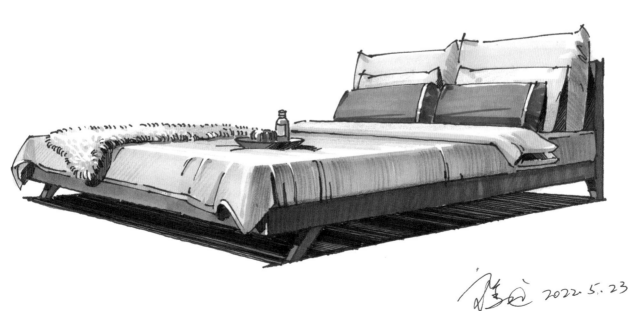

2022.5.23

5.2 组合家具马克笔表现

组合家具比单体家具的表现略显复杂，除了需要注意透视和比例关系，还需要准确绘制组合家具各部分的结构关系。整体把握和重视细节是确保作品高质量完成的关键。

5.2.1 组合沙发马克笔表现

下面讲解一组室内组合沙发的手绘方法，这组家具包括沙发、茶几、角几、地毯及相关饰品等。除常规的手绘程序之外，还要注意各种家具的透视关系及根据透视关系进行造型的方法，以及各种材料质感和肌理的绘制方法。

使用工具 铅笔、签字笔、中性笔、马克笔、彩色铅笔、修正液等。

01 建议选用 A4 幅面的手绘纸。在纸张约 2/3 垂直高度的地方，用铅笔定位出视平线的位置，该图为两点透视，将灭点 O 定位在画面左侧、灭点 O′ 定位在右侧画面外，两个灭点必须都在视平线上。根据两点透视规律，简要勾勒出组合沙发的大致轮廓，注意构图要饱满。

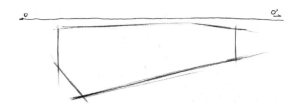

02 根据两点透视规律，使用铅笔画出沙发、茶几、地毯、角几在地面的正投影位置。

注意 各家具位置的前后关系要表达清晰，长宽比例要尽量准确。

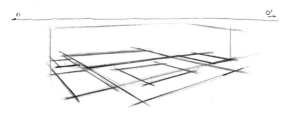

03 使用铅笔，以垂直线画出多人沙发的高度。

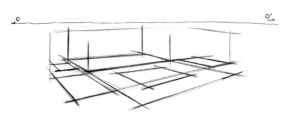

04 使用铅笔，按照两点透视规律，画出最里侧多人沙发的基本轮廓结构。

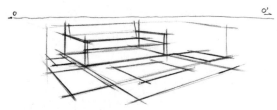

05 参照步骤 03~04，用铅笔绘制所有家具的基本轮廓结构。

注意 绘制此步骤时，各家具结构线较多，如果它们叠加在一起，会影响外轮廓线的视觉判断。因此，可以先用较轻的笔触绘制所有的结构线，然后用较重的笔触加强各家具的外轮廓结构线。

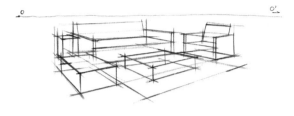

06 使用 0.5mm 签字笔，按照由近及远的顺序，绘制沙发、茶几、地毯及相应饰品的结构。

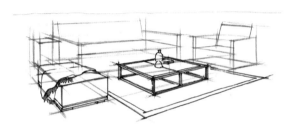

07 使用 0.5mm 签字笔绘制场景中所有家具及相应饰品的结构。

为了保持沙发坐垫的柔软感，不需要在座面与立面之间的转折线上添加墨线。

08 用橡皮擦去铅笔底稿，获得完整清晰的结构线稿。

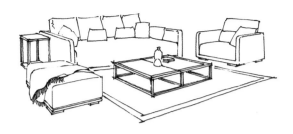

09 设置光源在画面右上角，根据受光关系，使用中性笔以排线法画出各个家具及饰品的主要肌理、暗部和投影关系。

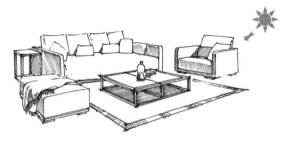

10 根据受光关系，使用 191 号马克笔加强画面各物体暗部和投影中颜色最深的区域，特别是线状结构的物体（如茶几腿），其暗部结构一定要加粗、加重，并适当为反光部分留白。至此，线稿部分处理完毕。

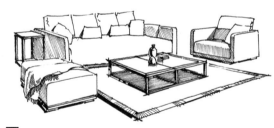

■ 191

11 根据受光关系，使用 BG85 号马克笔为沙发座面和靠背上色。

对于受光较强的部分，要充分留白，同时可以适当使用细笔触进行过渡，运笔要干净利落。

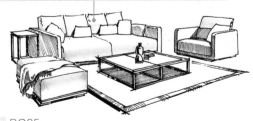

■ BG85

12 根据受光关系，先使用 PG38 号马克笔为左侧沙发墩的反光部分、暗部，以及多人沙发抱枕的亮部、灰部着色，再使用 PG39 号马克笔为地毯、所有抱枕的暗部着色。

为了体现环境色，左侧沙发墩的暗部用 PG38 号马克笔铺满。

■ PG38　■ PG39

13 根据受光关系，使用 NG278、NG279、NG280 号马克笔为沙发扶手、边框，角几，茶几边框着色。

为了体现角几顶面的反光质感，马克笔要纵向运笔，并适当留白。

沙发扶手的反光部分要合理留白。

■ NG278

■ NG279　■ NG280

14 使用 NG276 号马克笔为茶几顶面着色，左侧高光部分适当留白，使用 BG88 号马克笔为茶几正投影和右侧单人沙发的投影着色。

■ NG276　■ BG88

15 使用 E132 和 YG264 号马克笔以扫笔法增强地毯的层次感。

使用 YG264 号马克笔着色。

使用 E132 号马克笔着色。

■ E132　■ YG264

16 使用 E246、E247、R143、R144、BG107 号马克笔为场景中各饰品着色。

着色时要根据受光关系来区分明暗层次，注意高光部分的留白。

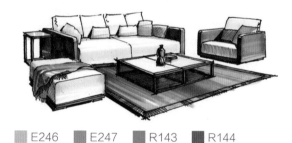

■ E246　■ E247　■ R143　■ R144

■ BG107

17 使用 E132 号马克笔加强左侧沙发墩上红色小毯子的暗部，使用 BG107 号马克笔加强红色小毯子暗部的反光效果和沙发墩的暗部明暗交界线。

■ E132　■ BG107

18 使用群青色彩色铅笔表现茶几顶平面大理石纹理效果，使用熟褐色彩色铅笔以排线法增强地面和地毯质感，使用黑色彩色铅笔适当加强地毯肌理。

19 使用湖蓝色彩色铅笔以排线法增强茶几顶平面和沙发坐垫立面的层次感。

使用群青色彩色铅笔绘制大理石纹理。

20 使用修正液绘制茶几边框和地毯的高光，完成最终效果图。

 注意　绘制直线结构的高光时，为了使线条更加利落，可以借助直尺来辅助绘制。

5.2.2　办公桌椅马克笔表现

　　下面讲解一组室内办公桌椅的手绘方法，这组家具包括办公桌、转椅、电脑、桌面隔断等。除常规的造型与上色方法之外，还要注意木材、金属等材料的质感表达，以及家具在自然光照射下光影关系的刻画。

使用工具　铅笔、签字笔、中性笔、马克笔、彩色铅笔、修正液等。

01 建议选用 A4 幅面的手绘纸。在纸张约 2/3 垂直高度的地方，用铅笔定位出视平线的位置，该图为两点透视，将灭点 O 和 O' 定位在画面两侧外。根据两点透视规律，简要勾勒出办公桌椅的大致轮廓，构图要饱满。

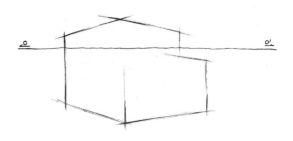

02 使用铅笔，根据两点透视规律，画出办公桌的轮廓结构。

03 使用铅笔绘制画面中其他家具的基本轮廓结构。

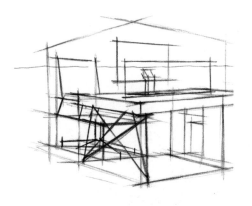

04 使用 0.5mm 签字笔，按照由近及远的顺序，画出办公桌及相应设备的结构。

05 使用 0.5mm 签字笔绘制转椅、电脑显示器的结构。

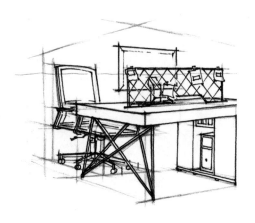

06 用橡皮擦去铅笔底稿，获得完整清晰的结构线稿。

07 设置光源在画面右上角，根据受光关系，使用中性笔以排线法画出各个家具及设备的主要暗部和投影关系。

10 根据受光关系，使用 E247 号马克笔为办公桌木材部分的暗部着色，反光部分适当留白，再用 GG63 号马克笔以扫笔法补齐反光颜色。

使用GG63号马克笔着色。

■ E247　■ GG63

08 根据受光关系，使用 191 号马克笔加强画面各物体暗部和投影中颜色最深的区域，特别是线状结构的物体。

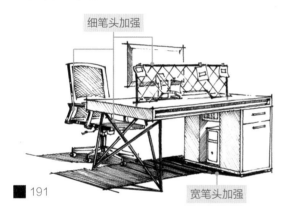

细笔头加强

宽笔头加强

■ 191

11 根据受光关系，使用 NG278 号马克笔为显示器和转椅的亮部、灰部着色，高光部分适当留白。

使用 NG278 号马克笔为三角区域叠色，展示光感效果。

使用 NG278 号马克笔为桌面反光着色。

■ NG278

09 根据受光关系，使用 E246 号马克笔完成办公桌木制结构亮部和灰部的着色。

为了减少办公桌木材颜色的反光现象，可以使用 E246 号马克笔在显示器、办公桌、柜门等比较光滑表面的亮部进行着色。

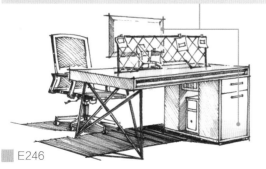

■ E246

12 根据受光关系，使用 NG279 号和 NG280 号马克笔为转椅、显示器及电脑主机的暗部着色，使用 NG278 号马克笔为电脑主机的顶平面和其上电源插座着色。

使用 NG279 号马克笔着色。

使用 NG278 号马克笔着色。

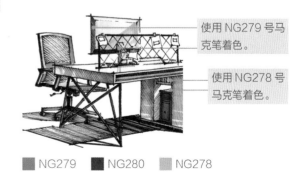

■ NG279　■ NG280　■ NG278

13 使用 YG264 号马克笔先为办公桌椅的地面投影和右侧电脑主机周边的投影着色，反光和投影边缘部分适当留白，再用该笔以纵向排笔法为办公桌明暗交界线处着色，使用 PG40 号马克笔为办公桌立面的红灰色饰面板着色。

使用 PG40 号马克笔着色。

■ YG264　■ PG40

14 根据受光规律，使用 BG86 号马克笔以扫笔法为办公桌暗部的反光处和地面投影边缘的部分补齐颜色，再用该马克笔为办公桌铁网架上的便签着色，亮部适当留白。

使用 BG86 号马克笔着色。

■ BG86

15 使用 PG39 号、PG41 号马克笔以横向排笔法加强办公桌抽屉和柜门红灰色饰面板的反光层次，使表面看起来更加光洁，使用 PG41 号马克笔为办公桌立面长条形红灰色饰面板的投影着色，使用 PG41、R144、B240 号马克笔为办公桌铁网架上的便签图案着色。

使用 PG41 号马克笔为投影着色。

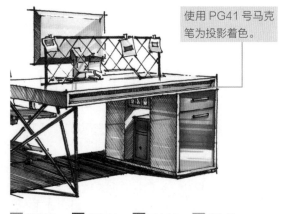

■ PG39　■ PG41　■ R144　■ B240

16 使用 YG264 号马克笔以点笔法点缀转椅的网格靠背空隙，使用 BG86 号马克笔为转椅座面上的投影着色。

使用 YG264 号马克笔点缀网格空隙，要做到疏密有致。

使用 BG86 号马克笔着色。

■ YG264　■ BG86

17 使用熟褐色彩色铅笔以排线法增强办公桌木材结构和红灰色饰面板的质感效果。

使用修正液绘制办公桌各主要结构的高光。

> **注意**
> 办公桌平面与立面的转折处一定要绘制高光,为了使线条更加利落,可以用直尺辅助绘制。另外,对于线状的铁艺结构,也要适当绘制高光,突出线条的立体感。

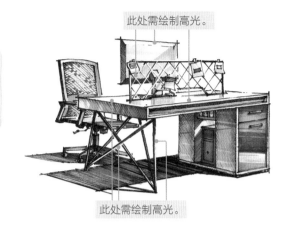

19 使用 GG63、GG64、GG66、BG85、PG38 号马克笔绘制背景,完成最终效果图。

■ GG63　■ GG64　■ GG66　■ BG85　■ PG38

5.3 本讲小结

　　本讲介绍了室内典型家具的马克笔表现技法,读者应重点掌握根据透视与光影关系完成各种家具线稿造型和色彩表现的方法。课下还需进一步拓展家具表现的类型,熟练手绘方法,深入刻画质感,为后续进行场景手绘打好基础。

5.4 本讲作业

在示范内容的基础上，大家还应进一步丰富家具题材，广泛练习。在做作业时，需要通过训练加强对家具造型的实用性和创意性的理解，同时提高对不同材料质感的刻画能力。

本讲作业要求进行单体家具及组合家具马克笔表现训练，幅面以 A3 为佳。家具造型可参考下面提供的素材绘制，也可以自行寻找素材绘制。

● **单体家具马克笔表现训练**

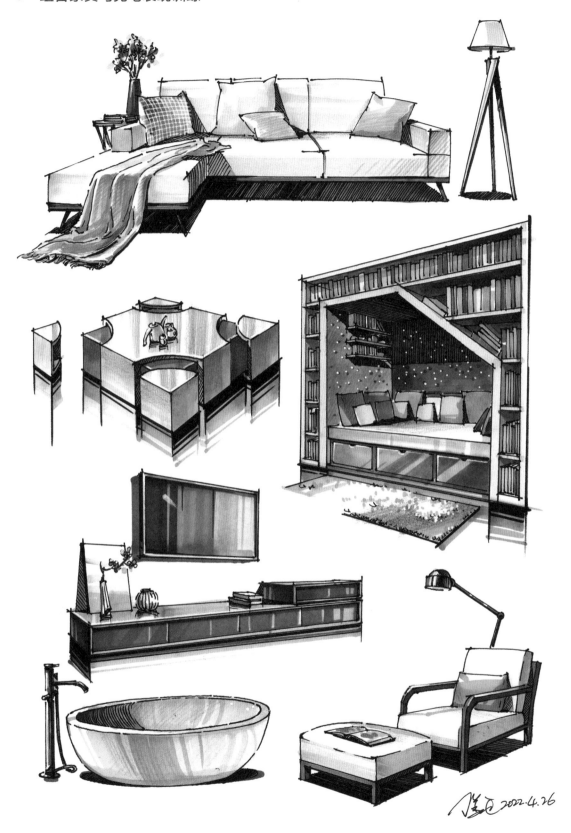

更多训练案例参见配书资源。

第 6 讲

小场景空间景观效果图马克笔表现训练

场景马克笔手绘是本书中高级层次的内容，也是大家学习的主要目标，更是需要长期坚持训练的内容。环艺设计主要包括景观设计和室内设计两个专业方向，它们的效果图表现在技法上既有一定的差异，也有一定的联系。从本讲开始的六讲内容分别对景观设计和室内设计效果图的手绘技法进行讲解。

就景观设计来说，其类型丰富多样，包括庭院景观、公园景观、滨水景观、商业景观、广场景观等，虽然设计规则各不相同，但有较强的相似性。为了从手绘效果图表现的角度更好地梳理其技法，这里将各种类型的景观归纳为小、中、大三种场景空间，并选择典型案例进行讲解与示范。

学习目标

本讲以庭院景观为例，讲解小场景空间景观效果图从效果分析到绘制线稿，再到马克笔上色，直至调整画面、完成最终效果图的全流程。

学习重点

重点掌握庭院景观效果图的起稿方法和着色技巧，要特别注意"卡黑"技法的要点，以及通过协调画面中各个元素的比例、形体、色彩关系表达空间的紧凑感。

6.1 庭院效果图马克笔表现

效果分析

本节讲解庭院景观效果图的马克笔手绘方法，该场景为一点透视，包括花架、景墙、水池、庭院入口、室外桌椅、绿化等多种表现内容。手绘时不仅要表现出各项景观，还要表现出小场景空间的紧凑感、质感和光影效果。

景墙　　水池　　庭院入口　花架　室外桌椅

使用工具　铅笔、签字笔、中性笔、马克笔、彩色铅笔、修正液、高光笔、直尺等。

绘制线稿

01 建议选用 A4 幅面的手绘纸。在纸张略低于 1/2 垂直高度的地方，用铅笔定位出视平线的位置，该图为一点透视，将灭点 O 定位在画面中心偏左的位置。在画面左右两侧留出一定的边框空白，用铅笔以短竖线标记。

> 在画面左右两侧进行边框空白标记后，两垂线内部区域为绘图区，两垂线以外为留白区，这种做法有助于初学者避免构图过大这一常见问题。

02 根据一点透视规律，用铅笔按照比例画出庭院空间的围合关系。

03 根据一点透视规律，用铅笔在地面上画出硬化、绿化、水池的分区结构线。

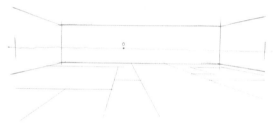

04 根据一点透视规律，用铅笔画出花架和后方庭院入口的主要轮廓。

 注意 该步骤可用平行尺或直尺辅助绘制，注意比例关系。

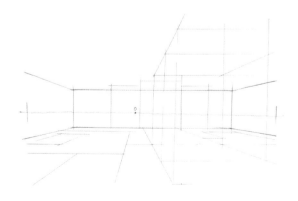

05 根据一点透视规律，用铅笔先以直线画出花架、水池、左侧景墙、户外桌椅的主要结构，再以树线画出场景中各绿化的主要轮廓。

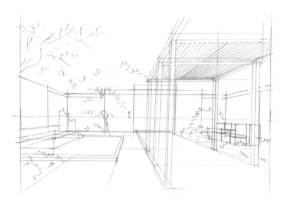

06 用铅笔画出花架后方庭院入口的主要结构。

对于庭院入口月亮门的绘制，可先用直线画出正方形外框，再画出该正方形的水平与垂直中线，然后连接各边中点绘制弧线，形成圆形，最后根据一点透视规律完善门洞的结构。

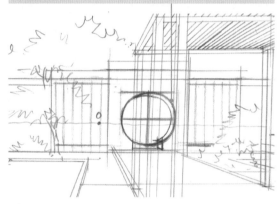

07 根据一点透视规律，使用中性笔绘制花架的结构。

要画出花架顶部木格栅结构侧立面与横梁交界线。

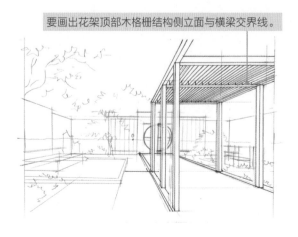

08 使用中性笔绘制庭院入口，户外休闲桌椅、遮阳伞等结构，再以树线绘制中景植物的结构。

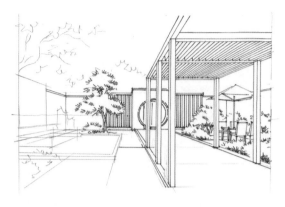

09 使用中性笔完善画面左侧各景观、绿植的结构，用橡皮擦去铅笔底稿。

10 使用中性笔绘制地面铺装线和远处的砾石铺地。

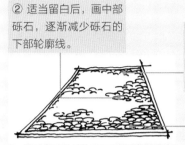

延伸 大量砾石的绘制要遵循近实远虚的规律，如下图所示。

② 适当留白后，画中部砾石，逐渐减少砾石的下部轮廓线。

③ 最后画远处砾石，以画上半部分轮廓线为主。

① 先画近处较为完整的砾石。

11 设置光源在画面左上角，根据受光关系，使用中性笔以排线法画出场景中各物体的投影关系。

木格栅左立面需绘制投影。

植物在地面上的投影要绘制得灵活一些。

12 根据受光关系，使用中性笔以排线法绘制水池造型在水面上的倒影，再画出场景中左后方墙面的投影，以及中景树在地面上的投影，最后画出月亮门处的投影。

13 根据受光关系，使用 0.7mm 签字笔加重场景中植物树干和树枝、遮阳伞支柱、户外桌椅腿、庭院入口两侧竖向木格栅等线状结构物体的暗部，再加强花架梁柱结构的转折线，使之更为坚实。

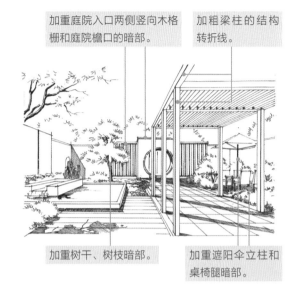

加重庭院入口两侧竖向木格栅和庭院檐口的暗部。

加粗梁柱的结构转折线。

加重树干、树枝暗部。

加重遮阳伞立柱和桌椅腿暗部。

● 马克笔上色

01 根据受光规律，使用 191 号马克笔的宽笔头，按照由近及远的顺序，先以排笔法为花架结构暗部颜色的最深处"卡黑"，再以点笔法为前景、中景植物的暗部"卡黑"。

适当为暗部的反光留白。

■ 191

关于"卡黑"的概念与应用。

延伸　众所周知，重色是画面效果的灵魂，在前几讲的案例中，在开始马克笔上色时，我们经常先用黑色马克笔对物体的暗部和投影最深处进行加重，在获得较强的对比效果之后，再用其他颜色的马克笔进行着色。这个用黑色加重的环节，我们从环艺设计手绘的角度为其赋予一个专属名称"卡黑"。接下来，我们针对卡黑的概念和应用进行详细介绍。

卡黑是以精准的黑色笔触加重并绘制画面中最深处的颜色，进而使画面重色更加浓郁，对比更加强烈，结构更加清晰。经过总结，常见的卡黑位置包括暗部卡黑、投影卡黑、反光卡黑、间隙卡黑、前景卡黑等。以下具体案例供参考。

① 暗部卡黑

根据受光关系，使用黑色马克笔加深物体暗部颜色最重（明暗交界线）的位置，并通过笔触变化向反光部分适当过渡，以此来增强物体的对比关系。

几何体暗部卡黑　　　　　　　　　　　不规则物体的暗部卡黑

② 投影卡黑

根据受光关系，使用黑色马克笔加深物体投影区域颜色最重的位置，该位置多为投影与实体的衔接处或投影的中间区域，并通过笔触变化向其他方向适当过渡，以此来加重物体投影的颜色，丰富投影的层次。

水面倒影卡黑。　　　　植物投影卡黑。

③ 反光卡黑

表面光滑的材质经常产生反光现象，使用黑色马克笔加重物体表面反光区颜色最深的位置，有助于增强物体光滑质感的表现。

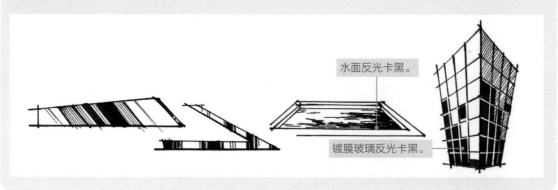

水面反光卡黑。

镀膜玻璃反光卡黑。

④ 间隙卡黑

密集排列的物体，其衔接间隙通常需要处理成暗色，使用黑色马克笔按照近实远虚的规律加重该位置，有助于更加清晰地展现物体的肌理，突出单体的轮廓，使画面更加生动。

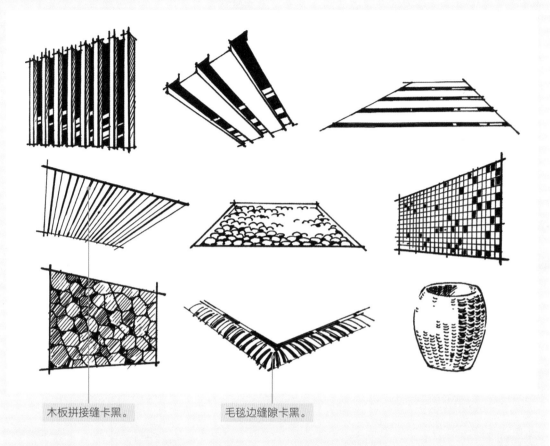

木板拼接缝卡黑。   毛毯边缝隙卡黑。

⑤ 前景卡黑

当效果图的前景出现比较规则的边线时，可使用黑色马克笔以点线面相结合的笔触，加强前景边线，提高前景的对比度，进而使画面空间感更加强烈。

效果图前景边线卡黑。

建议初学者在绘制效果图时，线稿完成后先卡黑再用马克笔上其他颜色，这样可以增强画面的对比关系，提高画面的视觉冲击力，避免画面出现不理想的效果，如显得过于灰暗。如果手绘效果图已经熟练掌握，线稿起完可先按部就班地用马克笔上色，最后再进行卡黑处理，这样可以确保黑色的运用恰到好处，在保持足够视觉冲击力的同时，使画面更加凝练、精致、通透。

02 根据受光规律，使用 191 号马克笔宽笔头以点笔法加重背景植物的暗部。

要仔细处理黑色块与院墙、庭院入口、遮阳伞等物体的衔接，保证靠线整齐，不破坏轮廓。

■ 191

03 根据受光规律，使用 182 号马克笔为右侧处于亮部的院墙着色，使用 183 号马克笔为正前方处于暗部的院墙着色，使用 GG63 号马克笔为左后方处于暗部的院墙着色，使用 BG85 号马克笔为左侧景观墙着色。

使用 GG63 号马克笔着色。

使用 183 号马克笔着色。

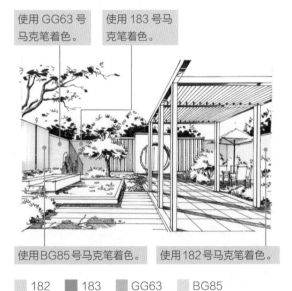

使用 BG85 号马克笔着色。

使用 182 号马克笔着色。

■ 182　■ 183　■ GG63　■ BG85

04 根据受光规律，使用 BG85、BG86 号马克笔为正前方月亮门所在的白墙正立面着色，使用 E174、E168 号马克笔分别为月亮门垭口着色，使用 E168 号马克笔为月亮门两侧的竖向木格栅着色，使用 B241 号马克笔为格栅之间的玻璃着色。

使用 BG86 号马克笔为屋檐投影着色。

使用 E174 号马克笔为月亮门垭口的亮面（左立面）着色，用 E168 号马克笔为暗面（正立面）着色。

■ BG85　■ BG86　■ E174　■ E168

■ B241

05 使用 E132 号马克笔为月亮门洞后方的建筑入户门着色，使用 NG279 号马克笔为入户门两侧的墙面着色，使用 NG278 号马克笔为庭院入口顶部的屋檐装饰线着色。

使用 NG278 号马克笔着色。

使用 NG279 号马克笔着色。

使用 E132 号马克笔着色。

■ E132　■ NG279　■ NG278

06 根据受光规律，为木制花架着色。使用 E174 号马克笔为花架左侧立面着色，使用 RV130 号马克笔为花架正立面着色，使用 E169 号马克笔为花架顶部造型的底面着色，使用 BG88 号马克笔为花架结构上的投影着色。

注意

花架结构上的投影区，选择冷灰色系着色，活跃画面色彩关系。

使用 BG88 号马克笔着色。

■ E174　■ RV130　■ E169　■ BG88

07 为地面铺装着色。使用 E246 号马克笔为花架下方的石材铺装着色，使用 E174 号马克笔为画面左侧的木栈道着色，使用 E132 号马克笔以竖向排笔法为花架下方石材铺装的收边带着色。

大面积单一颜色满铺时，可适当叠色，丰富层次感。

使用 E132 号马克笔为收边带着色。

■ E246　■ E174　■ E132

08 使用 E247 号马克笔加强花架下方的石材铺装拼缝线，适当体现石材地砖的厚度，使用 RV130 号马克笔以竖向排笔法加强木栈道反光感，使用 B240 号马克笔以搓笔、点笔相结合的方法为天空着色。

 注意

画面左侧天空面积较大，为天空着色时可多留白，彰显马克笔笔触；画面右侧景观密集，天空面积较小，为天空着色时尽量铺满，减少留白，起到衬托作用。

用 E247 号马克笔勾勒花架下方石材铺装的拼缝线时，可用直尺辅助，尽量将颜色紧贴石材拼缝线墨线的上侧或右侧绘制。

■ E247　■ RV130　■ B240

09 为画面左侧的水池着色。根据受光规律，使用 NG276 号马克笔为水池上部白色跌水造型的顶面和正立面着色，使用 PG39 号马克笔为其右侧立面着色，使用 NG278 号马克笔为水池周边的灰色石材池壁着色。

 注意

水池壁和石材造型的顶面高光部分要适当留白。

使用 NG276 号马克笔着色。

■ NG276　■ PG39　■ NG278

10 继续为画面左侧的水池着色。根据受光规律，使用 BG95、BG97 号马克笔为水池的水面着色，使用 NG279 号马克笔为水池灰色石材池壁的正立面着色，使用 E132 号马克笔为水池灰色石材池壁的右立面着色，使用 GG64 号马克笔为水池右后方的砾石铺地着色，使用 NG278 号马克笔为水池后方的置石着色。

用 NG278 号马克笔为置石着色。　　水池池壁的右立面用 E132 号马克笔着色，体现冷暖对比。

为水体着色时先满铺 BG95 号马克笔颜色，在此基础上叠加 BG97 号马克笔颜色。

■ BG95　　■ BG97　　■ NG279

■ E132　　■ GG64　　■ NG278

11 根据受光规律，使用 BV192 号马克笔为画面右后方的户外座椅着色，使用 NG279 号马克笔为桌子着色，使用 NG278 号马克笔为户外桌椅下方的地面铺装着色。

■ BV192　　■ NG279　　■ NG278

12 根据受光规律，使用 YG24、G59、RV216、G57、Y5 号马克笔为场景中的植物着色。

该绿篱使用 G57 号马克笔着色，其他绿色植物均用 G59 号马克笔着色。

■ YG24　　■ G59　　■ RV216　　■ G57　　■ Y5

13 根据受光规律，使用 G58、BG106、YG37 号马克笔为场景中的背景植物和画面右侧的灌木着色，使用 BG85 号马克笔为遮阳伞着色。

用 BG106 号马克笔着色。　　用 G58 号马克笔着色。

用 YG37 号马克笔着色。

■ G58　　■ BG106　　■ YG37　　■ BG85

14 为画面左上角的前景树着色。根据受光规律，先使用 G61 号马克笔以搓笔、点笔相结合的方法为前景树的暗部着色，再使用 BG107 号马克笔以点笔法绘制前景树树冠后方的树叶，丰富层次感。

■ G61　■ BG107

15 根据受光规律，使用 G60、G61、BG107、YG26、YG30 号马克笔分别为与自身色系相同或相近的植物暗部着色，丰富层次感。下图中有部分批注，其他相似颜色可参考。

■ G60

■ G61

■ BG107

■ YG26

■ YG30

用 YG26 和 YG30 号马克笔叠色。

用 G61 号马克笔叠色。

用 G60 号马克笔叠色。

用 BG107 号马克笔叠色。

16 根据受光规律，使用 BG107、YG264 号马克笔为地面上的投影区域着色，使用 BG107 号马克笔表现庭院入口两侧竖向木格栅之间玻璃上的反光效果，使用 E133 号马克笔以排笔法加重花架立柱正立面与顶部造型的衔接区，使用 E133 号马克笔加强立柱在其下方石材收边带光滑表面上的反光效果。使用 G58、RV216 号马克笔为水面上的睡莲着色。

用 E133 号马克加重花架立柱正立面与顶部造型结构的衔接区。

用 BG107 号马克笔加重玻璃反射区。

用 YG264 号马克笔着色。

用 BG107 号马克笔着色。

■ BG107　■ YG264　■ E133　■ G58　■ RV216

17 根据受光规律，使用 BG86、NG279、R144、NG278 号马克笔补充画面各部分的颜色。

使用 NG279 号马克笔为内墙面投影着色。

使用 NG278 号马克笔为遮阳伞暗部着色。

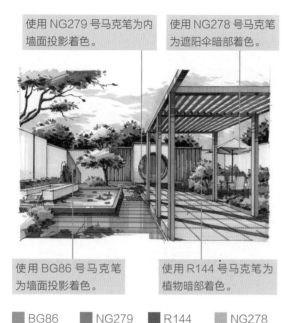

使用 BG86 号马克笔为墙面投影着色。

使用 R144 号马克笔为植物暗部着色。

| ■ BG86 | ■ NG279 | ■ R144 | ■ NG278 |

● **调整画面**

01 使用紫色、大红色、黄褐色、熟褐色彩色铅笔以排线法分别增强画面主要材质和绿化的层次感。

使用紫色彩色铅笔增强层次感。

使用大红色彩色铅笔增强层次感。

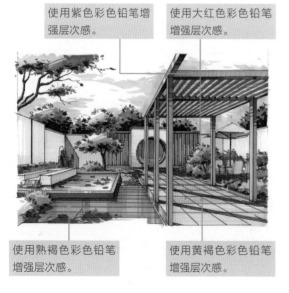

使用熟褐色彩色铅笔增强层次感。

使用黄褐色彩色铅笔增强层次感。

02 使用熟褐色彩色铅笔绘制画面左侧景墙的石材肌理线，使用群青色彩色铅笔绘制水池上部白色跌水造型的石材肌理线，使用群青色彩色铅笔以排线法增强景墙后方围墙的层次感。

使用熟褐色彩色铅笔绘制纹理。

使用群青色彩色铅笔增强层次感。

使用群青色彩色铅笔增强层次感。

03 根据受光关系，使用高光笔进一步绘制景墙和水池上部白色跌水造型的石材肌理线，使用高光笔绘制水池灰色石材池壁和木栈道的高光。使用修正液表现水池中的跌水效果，并适当绘制植物的树冠边缘，以及树枝、树干的高光部分。

04 根据受光关系，使用高光笔绘制画面中花架、地面石材铺装、石材收边带、户外桌椅等物体的高光；使用修正液适当绘制画面前景、中景植物的树冠边缘，以及树枝、树干的高光部分。完成最终效果图。

6.2 本讲小结

本讲介绍了庭院空间景观效果图的马克笔手绘表现技法，读者应重点掌握起稿流程、卡黑技巧、着色方法及结合彩色铅笔等辅助工具刻画材料质感的技法。课下还需进一步拓展其他类型小场景空间的景观效果图表现，做足量的积累，为后续中等规模空间景观效果图手绘打好基础。

6.3 本讲作业

本讲作业在庭院空间景观效果图示范的基础上，进一步丰富小场景空间景观效果图的题材，引导大家进行广泛的练习。大家在做作业时，需要先观察分析，再着手绘制，做到意在笔先，逐步提高环艺设计手绘的自学、自析、自创能力。

本讲作业要求参考后面提供的素材绘制小场景空间景观效果图，幅面 A4 或 A3 均可，大家也可以自行寻找素材绘制。

更多训练案例参见配书资源。

第 7 讲

中场景空间景观效果图马克笔表现训练

在介绍了小场景空间景观效果图马克笔表现技法的基础上，本讲将进一步提高难度，介绍内容与技法更为复杂的中场景空间景观效果图马克笔手绘。

学习目标

本讲以"新中式公园景观"为例，讲解中场景空间景观效果图从效果分析到绘制线稿，再到马克笔上色，直至调整画面、完成最终效果图的全流程。

学习重点

重点掌握"新中式公园景观"效果图的起稿方法和着色技巧，要特别注意场景中各种景观及设施的比例关系和结构塑造，以及表现黄昏时段场景效果的配色要点。

7.1 "新中式公园景观"效果图马克笔表现

● 效果分析

本节讲解"新中式公园景观"效果图的马克笔手绘方法，该场景为一点透视，包括景观亭、景墙、种植池、水池、绿化等多种表现内容。手绘时不仅要恰当地表现出中场景空间的开阔感，还要重视质感和光影的表现，这对于效果图的表现非常重要。

景墙　　　景观亭　　　景墙

种植池　　　　　　　　　　　种植池

使用工具 铅笔、签字笔、中性笔、马克笔、色粉、彩色铅笔、修正液、直尺等。

● 绘制线稿

01 建议选用 A4 幅面的手绘纸。在纸张略低于 1/2 垂直高度的地方，用铅笔定位出视平线的位置，该图为一点透视，将灭点 O 定位在画面中心偏左的位置。在画面左右两侧留出一定的边框空白，用铅笔以短竖线标记。

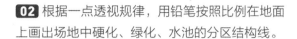

02 根据一点透视规律，用铅笔按照比例在地面上画出场地中硬化、绿化、水池的分区结构线。

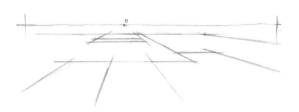

03 根据一点透视规律，用铅笔画出新中式景观亭和景墙的主要轮廓和结构。

> **注意** 可用平行尺或直尺辅助绘制，注意比例关系。

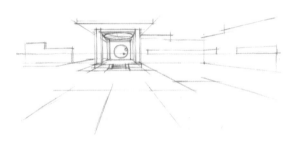

04 根据一点透视规律，用铅笔先以直线画出水池、右侧景墙、跌水台阶、种植池、地面庭院灯的主要结构，再以自由线画出太湖石的轮廓。

用自由线绘制水池上的太湖石。

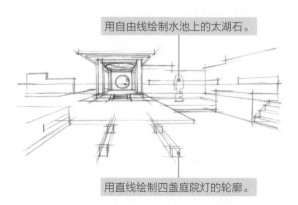

用直线绘制四盏庭院灯的轮廓。

05 用铅笔以自由线画出场景中各绿化及人物的主要轮廓。

 注意 在该场景中，视平线位于约 1.2 米的高度，略低于人物胸部的位置，绘制人物时需注意比例。

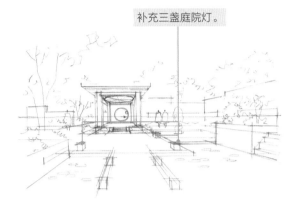

补充三盏庭院灯。

06 根据一点透视规律，使用 0.5mm 签字笔绘制新中式景观亭的具体结构。

 注意 之前我们添加墨线的顺序多为由近及远，本图添加墨线顺序则为先主体后次体。实际上，只要能够有效地表达画面主次分明、虚实得体的效果，任何绘图顺序都可应用。

07 使用 0.5mm 签字笔绘制画面两侧花坛、跌水台阶、地面庭院灯、水面植物等结构，再以树线绘制前景和中景植物的结构。

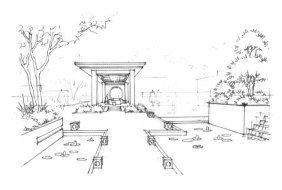

08 使用 0.5mm 签字笔，先绘制画面中景的人物、景墙结构，再绘制远处背景树轮廓。

以"非平行"排线绘制景墙镂空处呈现的背景植物枝干。

09 使用中性笔绘制地面铺装线、景观亭的细部结构。设置光源在画面左上角，根据受光关系，使用中性笔以排线法绘制水池的水面倒影，以及人物的投影。

需使用中性笔加重人物的裤子，这样可以有效强调人物的位置，并活跃画面。

10 根据受光关系，使用中性笔以排线方式画出场景中各主要物体的暗部和投影。用橡皮擦去铅笔底稿，获得完整清晰的场景线稿。

绘制景观亭的暗部及景观亭在景墙上的投影。

绘制植物在景墙上的投影。

绘制前景树冠靠后的树叶及植物在地面上的投影。

绘制庭院灯在地面上的投影。

● 马克笔上色

01 根据受光规律，使用 191 号马克笔以排笔法和点笔法为场景中各物体的暗部及水面倒影"卡黑"。

注意

使用 191 号马克笔加重背景植物暗部时，要仔细处理黑色块与院墙、景观亭等物体的衔接处，保证靠线整齐，并且不破坏物体的轮廓。

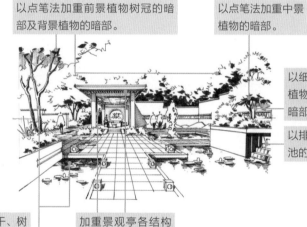

以点笔法加重前景植物树冠的暗部及背景植物的暗部。

以点笔法加重中景植物的暗部。

以细笔头画线加重植物树干、树枝的暗部。

以排笔法加重种植池的暗部。

■ 191

以细笔头画线加重植物树干、树枝的暗部及水面倒影近岸端。

加重景观亭各结构的暗部。

02 使用色粉渲染黄昏时分的天空。

注意

具体操作可参考"4.4.2 色粉渲染法"的讲解，该步骤选用的色粉颜色为淡赭色、淡棕色、淡黄色、白色。

可以将淡黄色色粉适当揉擦至景观亭的圆形玻璃顶内，以展现玻璃的透明感。

03 根据受光规律,使用 183 号马克笔为景墙正立面着色,使用 PG38 号马克笔为画面右侧景墙的墙面着色,使用 GG64 号马克笔为画面左侧景墙的右立面着色,使用 NG279 号马克笔为景墙的装饰线着色。

用 GG64 号马克笔着色。　　用 183 号马克笔着色。　　用 PG38 号马克笔着色。

用 NG279 号马克笔为装饰线着色。

■ 183　　■ PG38　　■ GG64　　■ NG279

04 为地面铺装上色。使用 NG278 号马克笔为地面铺装和景观亭的台阶平面着色,使用 NG279 号马克笔为台阶正立面着色。

着色时地面适当留白,为后续添加反光色做好准备。

■ NG278　　■ NG279

05 使用 NG279 号马克笔为画面右侧种植池灰色石材部分的左立面着色,再用该马克笔的细笔头勾画地面铺装的拼缝线,体现地砖的厚度,使用 E132 号马克笔为石材地面铺装收边带平面上色,使用 PG41号马克笔为收边带的正立面着色。

用 NG279 号马克笔以横向扫笔法快速绘制该面。在绘制过程中,右下角的反光区需要留白,以展现光滑石材立面的质感。

■ NG279　　■ E132　　■ PG41

06 使用 E247 号马克笔以排笔法为画面左侧种植池的立面着色,立面左侧适当留白。使用 E246 号马克笔为种植池顶面和种植池在水面的倒影着色,使用 PG39 号马克笔为水面倒影叠色,降低倒影颜色的纯度,再用该笔补齐种植池立面左侧的留白区。用 R142 号马克笔为种植池立面的红色装饰带(材质为红色玻璃钢)着色。

由于该种植池采用文化石贴面,因此可在其底色上添加 PG39 号马克笔颜色,以使其质感显得厚重一些。

■ E247　　■ E246　　■ PG39　　■ R142

07 使用 E246 和 GG64 号马克笔为种植池浅色石材部分的左立面和正立面着色，使用 GG66 号马克笔为种植池深色石材部分的正立面着色，使用 BG85 和 E246 号马克笔绘制种植池左立面的水面倒影，BG85 号马克笔颜色可扫入种植池灰色石材左立面的反光区，使用 GG64 号马克笔绘制种植池正立面的水面倒影及种植池右侧的跌水台阶立面。

使用 E246 号马克笔上色时，要斜向运笔，高光部分适当留白，突出亮面的光滑质感。

跌水的部分需留白。

■ E246　　■ GG64　　■ GG66　　■ BG85

08 为水池着色。根据受光规律，先用 BG95 号马克笔为水池的水面整体着色，适当避开前面绘制的水面倒影颜色，再用 BG97 和 BG107 号马克笔为水面重色区叠色，丰富层次感，最后用 R143、BG86 号马克笔加强水面反光色。

用 BG86 号马克笔以横向扫笔法着色，强化种植池立面石材的反光效果及水面对该立面的反光。

用 BG86 和 BG107 号马克笔叠加着色，加重前景。　用 R143 号马克笔叠色，突出水面对橙红色天空的反光。

■ BG95　■ BG97　■ BG107　■ R143　■ BG86

09 使用 E174 号马克笔为画面右侧的木栈道着色，使用 E246、NG279、BG107 号马克笔为太湖石着色。

受天空暖色光源的影响，太湖石的亮部用 E246 号马克笔着色，灰部用 NG279 号马克笔着色，暗部用 BG107 号马克笔着色。

■ E174　　■ E246　　■ NG279　　■ BG107

10 根据受光规律，为"新中式景观亭"上色。使用 E174 号马克笔为景观亭左立面着色，用 RV130 号马克笔为景观亭正立面着色，用 E169 号马克笔为景观亭顶部木制造型的底面和立柱的右立面着色，使用 B240 号马克笔为景观亭玻璃顶着色，使用 YG264 号马克笔为景观亭顶部木制造型底面的后半部分着色。

使用较灰的 YG264 号马克笔着色，降低远处纯度，增强空间感。

■ E174　　■ RV130

■ E169　　■ B240　　■ YG264

11 根据受光规律，使用 GG66 和 YG264 号马克笔为景观亭各结构的投影着色，使用 GG66 号马克笔为景观亭在其右侧景墙上的投影着色，使用 BG86 号马克笔为景观亭内的石材桌椅着色，使用 NG278 号马克笔为画面右侧景墙下的片石景观着色。

用 GG66 号马克笔为投影着色。

用 YG264 号马克笔为投影着色。

■ GG66　■ YG264　■ NG278　■ BG86

12 根据受光规律，使用 E174 号马克笔为地面庭院灯外壳的亮面和灰面着色，用 Y3 号马克笔为庭院灯光源着色，使用 E169 号马克笔为部分庭院灯外壳的右立面着色。

■ E174　■ Y3　■ E169

13 根据受光规律，使用 YG24、G59、G57、RV216、Y5 号马克笔为场景中的植物着色。

使用 G59 号马克笔着色。

使用 RV216 号马克笔着色。　使用 G57 号马克笔着色。

■ YG24　■ G59　■ G57　■ RV216　■ Y5

14 根据受光规律，使用 G61、G58、BG106、YG37 号马克笔为场景中的背景植物着色，用 G58 号马克笔为画面右侧的深绿色灌木和水面上的部分睡莲叶着色。

使用 BG106 号马克笔着色。　使用 G58 号马克笔着色。

使用 YG37 号马克笔着色。

■ G61　■ G58　■ BG106　■ YG37

15 根据受光规律，使用 YG26、YG30 号马克笔以搓笔、点笔相结合的方法为前面用 YG24 号马克笔着色的黄绿色植物暗部叠色，使用 G60、G61 号马克笔以搓笔、点笔相结合的方法为前面用 G59 号马克笔着色的绿色植物暗部叠色，丰富层次感。

■ YG26　■ YG30　■ G60　■ G61

■ YG24　■ G59

16 根据受光规律，使用 E133 号马克笔为前景树树干着色，使用 YG264 号马克笔为前景树在地面的投影着色，使用 BG107 号马克笔以点笔法绘制前景树树冠后方的树叶，丰富层次感，再用该马克笔为种植池内植物在池边上的投影着色。

使用 E133 号马克笔着色。　使用 BG107 号马克笔着色。

使用 YG264 号马克笔着色。

■ E133　■ YG264　■ BG107

17 使用 YG264 号马克笔为左侧黄绿色植物的树枝和树干着色，使用 NG279 号马克笔为该植物在景墙上的投影着色，使用 YG37、G58、E133 号马克笔绘制景墙镂空处的背景植物枝干部分颜色。

使用 YG37、G58、E133 号马克笔联合着色。　使用 NG279 号马克笔着色。

使用 YG264 号马克笔着色。

■ YG264　■ NG279　■ YG37

■ G58　■ E133

18 使用 GG66 号马克笔以排笔法加重种植池浅色石材部分的暗部，再用该笔绘制跌水台阶左立面的投影，使用 PG40 号马克笔以横向扫笔法为种植池灰色石材部分的左立面叠色，体现其表面对暖色环境的反光，使用 R144 号马克笔为画面右侧红色灌木的暗部与水面睡莲花苞的暗部着色。

■ GG66

■ PG40

■ R144

19 使用 B241、R215、Y5 号马克笔为画面中各人物上半身着色，使用 PG40 号马克笔为景观亭的远景着色。

使用 PG40 号马克笔着色。

■ B241　■ R215　■ Y5　■ PG40

20 根据受光规律，使用 NG280、BG86 号马克笔补充画面各部分颜色层次。

使用 NG280 号马克笔补充背景树色彩层次。

使用 NG280 号马克笔绘制景墙上的树枝投影。

使用 NG280 号马克笔绘制玻璃顶映射出的背景植物局部。

使用 BG86 号马克笔绘制植物在景墙上的投影。

■ NG280　■ BG86

● **调整画面**

01 根据本图黄昏时段的暖色调特点，使用暖色调为主的彩色铅笔以排线法分别加强画面主要材质，再用中性笔补充画面左下角种植池墙面的文化石结构线稿。

使用赭石色彩色铅笔加强远处地面反光。

使用紫色彩色铅笔弱化景观亭后立面的色彩纯度。

使用赭石色和紫色彩色铅笔增强墙面层次感。

使用土黄色彩色铅笔增强地面反光感。

使用湖蓝色彩色铅笔增强水面层次感。

使用群青色与熟褐色彩色铅笔增强种植池立面石材的反光效果。

使用中性笔补充文化石线稿，使用熟褐色彩色铅笔增强种植池立面质感。

02 根据受光关系，使用高光笔绘制地面铺装、木栈道、种植池、庭院灯、植物枝干等的高光，使用修正液适当绘制植物的树冠边缘和右侧跌水台阶的落水水花。

用修正液以点笔法绘制水花飞溅的效果。

03 根据受光关系，使用白色色粉以涂擦法绘制画面中景观亭玻璃顶带来的光感。

②用手指涂擦使白色色粉变薄，达到光束应有的透明效果。

延伸

用白色色粉以涂擦法绘制光束的技法如下。

①先用白色色粉画出光束的形状。

③用橡皮修整光束造型，完成特效。

04 根据受光关系，使用高光笔进一步完善画面各部分的高光。完成最终效果图。

7.2　本讲小结

本讲介绍了"新中式公园景观"效果图的马克笔手绘表现技法，读者应重点掌握起稿流程、着色方法及结合色粉等辅助工具渲染场景氛围的技巧。课下还需进一步拓展其他类型中场景空间的景观效果图表现，做足量的积累，为后续大场景空间景观效果图手绘打好基础。

7.3　本讲作业

本讲作业在"新中式公园景观"效果图示范的基础上，进一步丰富中场景空间景观效果图的题材，引导读者进行广泛的练习。大家在做作业时，需要先观察分析，再着手绘制，做到意在笔先，逐步提高环艺设计手绘的自学、自析、自创能力。

本讲作业要求参考下面提供的案例绘制中场景空间景观效果图，幅面 A4 或 A3 均可，大家也可以自行寻找素材绘制。

更多训练案例参见配书资源。

第 8 讲

大场景空间景观效果图马克笔表现训练

在学习了中场景空间景观效果图马克笔表现的基础上，我们继续挑战难度更高、内容更多的大场景空间景观效果图马克笔手绘。

学习目标

本讲以广场为例，讲解大场景空间景观效果图从效果分析，到绘制线稿再到马克笔上色，直至调整画面、完成最终效果图的全流程。

学习重点

重点掌握广场景观效果图的起稿和着色方法，要特别注意大场景室外空间中各种景观、设施、绿化、人物的比例关系，结构与光影的表现，以及使用综合技法表现构筑物材料质感的技巧。

8.1 广场效果图马克笔表现

● 效果分析

本节讲解广场景观效果图的马克笔手绘方法，该场景为一点透视，包括景观塔、景观亭、景观廊桥、水池、户外椅凳、绿化等多种表现内容。手绘时不仅要表现出大场景空间的开阔感，还要重点刻画质感和光影效果，这对于效果图的表现非常重要。

使用工具 铅笔、签字笔、中性笔、马克笔、彩色铅笔、修正液等。

● 绘制线稿

01 建议选用 A4 幅面的手绘纸。在纸张略高于 1/3 垂直高度的地方，用铅笔定位出视平线的位置，该图为一点透视，将灭点 O 定位在画面中心偏左的位置。之后，在画面左右两侧留出一定的边框空白，用铅笔以短竖线标记。根据一点透视规律，用铅笔按照比例在地面上画出场地左中右三个景观区域的分区线。

02 按比例做好构图。根据一点透视规律，用铅笔以直线先画出左侧景观亭、右侧景观廊桥和画面后方景观塔的基本体量关系，再用自由线画出前景植物的轮廓。

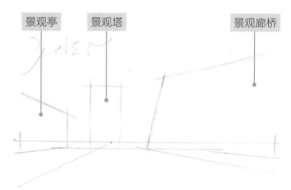

03 根据一点透视规律，用铅笔以直线画出水池、户外椅凳、木栈道的地面正投影轮廓。

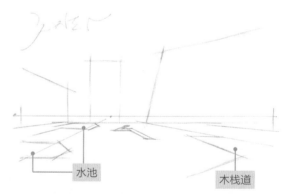

04 根据一点透视规律，用铅笔画出景观亭及其台阶、水池、景观廊桥、户外椅凳的主要结构。

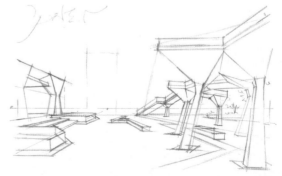

05 用铅笔画出画面后方景观塔的主要结构，再以树线画出各绿化植物的结构，最后画出各简笔人物的轮廓。

 注意 仔细观察景观塔与景观廊桥的高度比，以及景观塔自身的宽高比，确保景观塔在效果图中既能够成为视觉中心，又不会使画面显得过于拥挤。

06 使用 0.5mm 签字笔，绘制画面各景观构筑物、设施、绿植、人物的详细结构。用橡皮擦去铅笔底稿，获得完整清晰的场景线稿。

07 使用中性笔，绘制地面铺装线、景观亭和景观廊桥立面的防腐木拼缝线，以及水池旁的砾石铺地。

为了突出水池的轮廓，建议将砾石结构绘制得尽可能密集。

08 使用中性笔，绘制景观塔顶层的玻璃幕墙线，以及景观塔和景观廊桥的围栏结构。

09 使用中性笔先以曲线绘制景观塔的外装饰拼缝线，再以直线绘制其下方的楼梯台阶。

通过曲线的弧度和疏密体现景观塔造型的旋转性。

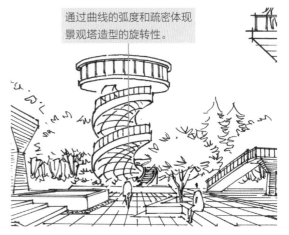

10 设置光源在画面左上角，根据受光关系，使用中性笔以排线法画出场景中各物体的投影关系。

结构投影

地面投影　　　地面投影　结构投影

● **马克笔上色**

01 根据受光规律，使用 191 号马克笔为地面收边带、景观塔、景观亭、景观廊桥、水池、户外椅凳、绿化、人物等暗部、投影、反光部分"卡黑"。

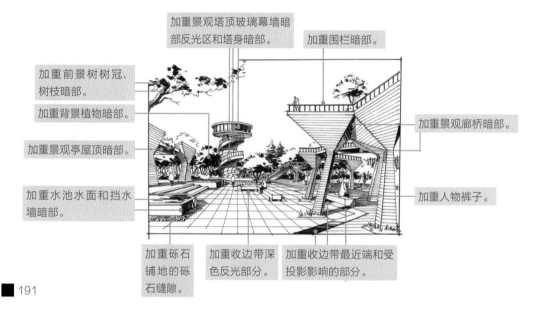

加重景观塔顶玻璃幕墙暗部反光区和塔身暗部。

加重围栏暗部。

加重前景树树冠、树枝暗部。

加重背景植物暗部。

加重景观亭屋顶暗部。

加重景观廊桥暗部。

加重水池水面和挡水墙暗部。

加重人物裤子。

加重砾石铺地的砾石缝隙。

加重收边带深色反光部分。

加重收边带最近端和受投影影响的部分。

■ 191

02 根据受光规律，使用 B240、NG276、BG85 号马克笔为天空着色。具体操作可参考"4.4.3 综合渲染法"。

较近的天空用 B240 号马克笔着色。

玻璃幕墙受光部分用 B240 号马克笔着色，反射天空色彩。

云朵暗部用 NG276 号马克笔着色。

云朵较远部分用 BG85 号马克笔着色。

远处的天空用 B240 号马克笔着色。

■ B240　■ NG276　■ BG85

03 根据受光规律为画面两侧构筑物着色。使用 E174 号马克笔为景观亭和景观廊桥的立柱左立面着色，用 RV130 号马克笔为景观廊桥立柱的正立面着色，用 E169 号马克笔为景观亭和景观廊桥的立柱右立面着色，使用 E168 号马克笔为画面右侧木栈道着色，使用 GG64 号马克笔为画面右侧景观廊桥立柱的反光补色。

用 GG64 号马克笔为反光部分着色。

用 E174 号马克笔着色。

■ E174 ■ RV130 ■ E169 ■ E168 ■ GG64

04 根据受光关系，使用 182 号马克笔为景观亭和景观廊桥顶部装饰带的亮面着色，使用 183 号马克笔为景观亭和景观廊桥顶部装饰带的暗面着色，使用 GG66 号马克笔为景观亭顶部和景观廊桥的底面着色，使用 E132 号马克笔为画面左侧景观亭立柱着色。

该立柱用 E132 号马克笔着色，降低纯度，防止画面边缘景观抢夺视觉中心。

■ 182 ■ 183 ■ GG66 ■ E132

05 使用 PG39 号马克笔为地面石材铺装和画面左侧景观亭下的台阶着色。

注意

先使用 PG39 号马克笔大面积满铺地砖颜色，再用该笔以地砖方格为单位适当叠色，丰富层次感。

以纵向排笔着色，体现台阶的光洁感。

■ PG39

06 根据受光规律，使用 NG278 号马克笔为画面左侧水池壁的顶面着色，使用 NG279 号马克笔为水池挡水墙、景观塔基座正立面着色，再用该笔为地面上的收边带着色。使用 BG88 号马克笔为水池挡水墙和景观亭下台阶的右立面着色，再用该笔为画面右下角收边带叠色。使用 BG95 号马克笔为水池水面着色。

用 NG279 号马克笔着色。

用 BG88 号马克笔着色。　　用 NG279 和 BG88 号马克笔着色。

■ NG278 ■ NG279 ■ BG88 ■ BG95

07 根据受光规律，使用 BG85 号马克笔为户外椅凳平面和左侧立面着色，使用 BG86 号马克笔为户外椅凳正立面着色，使用 V125 号马克笔为水池旁的砾石铺地着色，使用 GG66 号马克笔为地面上的收边带叠色。

户外椅凳平面靠后位置使用 BG85 号马克笔少量着色，靠前位置以留白为主。

使用 V125 号马克笔为砾石铺地着色。

使用 GG66 号马克笔以纵向笔触为收边带叠色。

■ BG85 ■ BG86 ■ V125 ■ GG66

08 根据受光规律，为画面后方的景观塔着色。使用 R143 和 R144 号马克笔为景观塔外围的红色装饰带着色，使用 R144 号马克笔为景观塔下的楼梯台阶着色，使用 182 和 PG39 号马克笔为浅色塔身着色，使用 GG66 号马克笔为景观塔圆顶造型的底面和浅色塔身上的投影着色。

用 R143 号马克笔为红色装饰带灰部着色，用 R144 号马克笔为暗部着色，亮部留白。

结合塔身的曲面造型，用 182 号马克笔为塔身亮部着色，用 PG39 号马克笔为塔身灰部着色。

用 R144 号马克笔为台阶着色。

■ R143 ■ R144 ■ 182 ■ PG39 ■ GG66

09 根据受光规律，使用 YG24、G59、G58、YG30、Y5 号马克笔为场景中的植物着色。

用 G59 号马克笔着色。　用 G58 号马克笔着色。　用 G59 号马克笔着色。

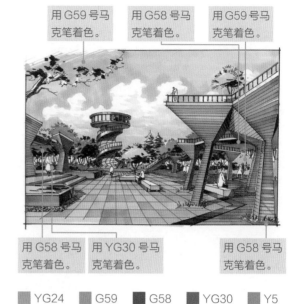

用 G58 号马克笔着色。　用 YG30 号马克笔着色。　用 G58 号马克笔着色。

■ YG24 ■ G59 ■ G58 ■ YG30 ■ Y5

10 根据受光规律，使用 PG40 号马克笔为背景树干、树枝区域着色。使用 YG30 号马克笔以搓笔、点笔相结合的方法为中景黄绿色植物的暗部着色，再用该马克笔为画面右侧背景树的黄绿色低矮灌木着色。使用 BG106 和 BG107 号马克笔为背景的常绿植物着色，再用 BG107 号马克笔为所有绿色背景植物的暗部着色。

用 BG107 号马克笔着色。　用 BG106 号马克笔着色。　用 BG107 号马克笔着色。

用 PG40 号马克笔着色。　用 YG30 号马克笔着色。　用 PG40 号马克笔着色。

■ PG40 ■ YG30 ■ BG106 ■ BG107

11 为画面左上角的前景树着色。根据受光规律，使用 G60 号马克笔以搓笔、点笔相结合的方法为前景树的暗部着色，使用 BG107 号马克笔以点笔法绘制前景树树冠后方的树叶，丰富层次感，使用 E169 号马克笔为前景树树干和树枝着色。

用 BG107 号马克笔以点笔法着色，以增加黑色与绿色之间的明度差异，使颜色过渡更加和谐。

■ G60　■ BG107　■ E169

12 根据受光规律，使用 YG264 和 GG64 号马克笔为场景中的投影着色，使用 G60、G61 号马克笔为地面绿化和画面右后方植物灰部、暗部着色。

用 YG264 号马克笔着色。

用 GG64 号马克笔着色。

用 G60 和 G61 号马克笔着色。

■ YG264　■ GG64　■ G60　■ G61

13 根据受光规律，使用 BG107 号马克笔绘制前景植物在地面的投影，使用 NG280 号马克笔加重投影各部分靠前的位置，再用该马克笔的细笔头绘制树枝的投影穿插其中。使用 PG40 号马克笔勾画石材铺装的拼缝线，适当体现石材地砖的厚度。使用 BG97 号马克笔的细笔头绘制水池喷泉的水柱造型。

用 BG97 号马克笔绘制喷泉水柱。

用 BG107 和 NG280 号马克笔叠色绘制前景树的地面投影。

■ BG107　■ NG280　■ PG40　■ BG97

14 为场景中的人物着色。使用 R215、R140、BV192、Y3、B241、Y17、BV195 号马克笔为场景中各人物上身着色。

在 BV192 号马克笔底色基础上，用 BV195 号马克笔叠色，表现人物身上的光影效果。

■ R215　■ R140　■ BV192　■ BV195

■ Y3　■ B241　■ Y17

15 根据受光规律，为景观塔顶部造型的玻璃幕墙着色。使用 B241 号马克笔勾画玻璃幕墙立柱的阴影，使用 BG107 号马克笔绘制顶部造型暗部和屋檐在玻璃幕墙上的投影，使用 BG106 号马克笔绘制玻璃幕墙上的植物反射效果。

用 BG106 号马克笔叠色。

用 BG107 号马克笔叠色。

■ B241　■ BG107　■ BG106

● **调整画面**

01 使用熟褐色和紫色彩色铅笔以排线法加强背景天空的层次感。

使用熟褐色彩色铅笔丰富层次感。

使用紫色彩色铅笔加强层次感。

02 使用熟褐色、紫色、群青色、赭石色彩色铅笔以排线法加强画面主要材质的层次感。

立柱亮部使用赭石色彩色铅笔加强层次感。

天空使用群青色彩色铅笔加强层次感。

石材地面使用熟褐色彩色铅笔加强层次感。

石材地面局部使用紫色彩色铅笔加重。

前景立柱使用群青色彩色铅笔加强层次感。

03 根据受光关系，使用修正液绘制水池中水柱的亮部。

先用修正液以自由线条绘制水柱形态，再用点笔法绘制水柱下方水花飞溅的效果。

04 根据受光关系，使用高光笔绘制画面中各物体的高光，完成最终效果图。

地砖拼缝线、地面收边带、水池挡水墙、景观亭立柱、景观廊桥、景观塔等结构的高光是画面提亮的关键，尽量使用高光笔清晰地勾勒出这些部分。

8.2 本讲小结

    本讲介绍了广场景观效果图的马克笔手绘表现技法，读者应重点掌握起稿流程、着色方法及使用综合技法表现构筑物光影和质感的技巧。课下还需进一步拓展其他类型大场景空间的景观效果图手绘表现，做足量的积累，全面熟练表现技法。

8.3 本讲作业

    本讲作业在广场景观效果图示范的基础上，进一步丰富大场景空间景观效果图的题材，引导读者进行广泛的练习。大家在做作业时，需要先观察分析，再着手绘制，做到意在笔先，逐步提高环艺设计手绘的自学、自析、自创能力。

    本讲作业要求参考后面提供的案例绘制大场景空间景观效果图，幅面 A4 或 A3 均可，大家也可以自行寻找素材绘制。

更多训练案例参见配书资源。

第 9 讲

小场景空间室内效果图马克笔表现训练

环艺设计主要包括景观设计和室内设计两个专业方向，从本讲开始，我们将学习室内设计效果图的手绘表现技法。就室内设计来说，主要分为家装（家居空间装修）和工装（公共场所室内装修）两类，每个类别都包含各种不同类型的空间。室内效果图相较于景观效果图而言，除了空间界面不同外，在光源位置、造型方法、着色技巧、质感表现等方面也有所不同，需要在训练中仔细体会。为了从手绘效果图表现的角度更好地梳理室内空间的手绘技法，可将各种类型的室内空间归纳为小、中、大三种场景空间，其中家居空间被归入小场景室内空间范围，中小规模的公共场所室内空间被归入中场景室内空间范围，较大规模的公共场所室内空间被归入大场景室内空间范围。在接下来的三讲中，将选择典型案例进行讲解与示范。

学习目标

本讲以客厅为例，讲解小场景空间室内效果图从效果分析到绘制线稿，再到马克笔上色，直至调整画面、完成最终效果图的全流程。

学习重点

重点掌握客厅室内效果图的起稿和着色方法，要特别注意两点透视室内效果图的造型方法，以及室内空间中各界面、家具、陈设在结构、光影、质感等方面的表现。

9.1 客厅效果图马克笔表现

效果分析

本节以客厅效果图为例，讲解小场景空间马克笔手绘效果图的方法。该场景为两点透视，包括天花板、墙面、地面、家具、落地窗、灯具、陈设品等多种表现内容。手绘时不仅要注意小场景空间各部分比例的掌控，还要注意在不同光源照射下光影变化的表达，以及多种质感的刻画。

使用工具 铅笔、签字笔、中性笔、马克笔、彩色铅笔、高光笔、修正液、直尺等。

绘制线稿

01 参照范图，建议选用 A4 幅面的手绘纸。在纸张略低于 1/2 垂直高度的地方，用铅笔定位出视平线的位置，该图为两点透视，将灭点 O 和 O' 分别定位在画面左右两侧的视平线上。在画面左右两侧留出一定的边框空白，用铅笔以短竖线标记。

注意 本讲铅笔起稿的步骤可用直尺辅助绘制。

02 根据两点透视规律，用铅笔按照比例画出室内墙体的围合关系。

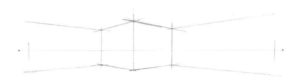

03 根据两点透视规律，用铅笔按比例画出餐桌椅、休闲椅、吧台、吧椅、地毯、沙发、茶几等的地面正投影范围和轮廓。

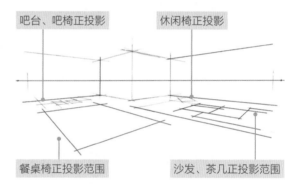

吧台、吧椅正投影　　　　休闲椅正投影

餐桌椅正投影范围　　　　沙发、茶几正投影范围

04 根据两点透视规律，用铅笔按照比例在之前圈定的范围内画出餐桌椅、茶几的正投影轮廓。

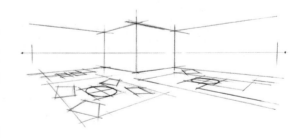

05 过各家具地面正投影的角点，用铅笔绘制垂线，再按照比例截取餐桌椅、吧台、吧椅、茶几、沙发、休闲椅的高度。

为了避免结构线过乱，可先截取餐椅靠背的高度。

休闲椅与其他物体遮挡较少，不会出现结构线过乱的现象，因此座面和靠背的高度都要截取。

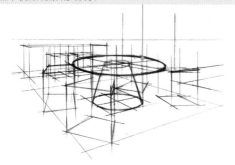

06 根据两点透视规律，用铅笔画出圆形餐桌的主要结构。

绘制餐桌时，首先需要确定桌面与桌腿的中轴线和高度，然后以中轴线上相应的点为圆心，根据两点透视规律绘制包括桌面和桌腿截面在内的三个圆形，最后通过连线完成整个餐桌轮廓的绘制。

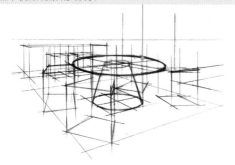

07 根据两点透视规律，用铅笔画出吊顶主要结构，茶几的轮廓，右侧落地灯、陶罐的轮廓，中间墙面上的装饰画轮廓，吊灯的轮廓，最后用铅笔绘制图框。

08 按照由近及远的顺序推进线稿绘制。根据两点透视规律，用 0.5mm 签字笔绘制餐桌、餐椅、吧台、吧椅的结构，注意运笔要流畅。

09 根据两点透视规律，用 0.5mm 签字笔绘制落地灯、地毯、沙发、茶几、休闲椅及各种陈设品的结构。

使用短而断续的树线，沿地毯轮廓绘制其"毛边"效果，并在地毯侧立面保留一定的厚度。

10 根据两点透视规律，用 0.5mm 签字笔绘制墙体、吊顶、吊灯、落地窗等具体结构，再用中性笔绘制木地板的拼缝线。

11 设置餐厅部分的光源在吊顶位置，客厅部分的光源来自户外，如图中橙色箭头所示。根据受光关系，餐厅所有物体顶平面为亮面，迎向光照方向的立面为灰面，背向光照方向的立面为暗面；客厅所有物体顶平面为亮面，迎向光照方向的右立面为灰面，背向光照方向的左立面为暗面。使用中性笔以排线绘制各家具的投影，再用中性笔以竖向排线绘制餐桌平面的反光。用橡皮擦去铅笔底稿，获得完整清晰的场景线稿。

此处受斜向自然光影响，本应绘制斜向投影，但为了追求画面的统一感，画成正投影即可，同时也降低了绘制的难度。

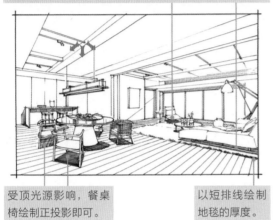

受顶光源影响，餐桌椅绘制正投影即可。

以短排线绘制地毯的厚度。

● 马克笔上色

01 根据受光关系，使用中性笔绘制中部临窗墙面受落地窗自然光影响产生的明暗关系。使用191号马克笔为餐桌桌面的立面暗部、墙面装饰画右立面及空间中各条形结构的暗部适当"卡黑"，然后为餐桌椅和地毯在地面投影的最深处"卡黑"。

受自然光影响产生的斜角投影。

以排线加重墙面较暗区域，突出自然光感。

■ 191

02 根据受光规律，使用PG38号马克笔为较浅颜色的吊顶、墙面、餐桌腿、落地灯、沙发扶手等着色，使用PG39号马克笔加重相应的暗部。

为体现右侧灯槽的光晕效果，该吊顶凹槽处左侧铺满颜色，右侧适当留白。

使用PG38号马克笔加重暗部。

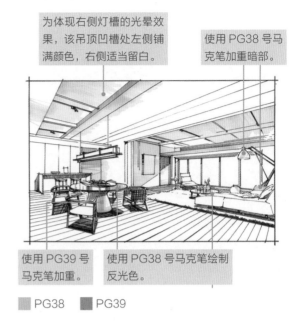

使用PG39号马克笔加重。

使用PG38号马克笔绘制反光色。

■ PG38　■ PG39

03 根据受光规律，使用PG39、PG40、PG41号马克笔为深色墙面和木地板着色。

使用PG39、PG40、PG41号马克笔逐层叠色，绘制深色背景墙，墙上光晕区域留白。

亮部使用PG40号马克笔着色，暗部使用PG41号马克笔着色。

木地板先使用PG39号马克笔以扫笔法沿拼缝线方向着色，再以同样的方法用PG40号马克笔叠色。

使用PG40号马克笔以纵向扫笔法为地板反光叠色。

适当为较亮的反光区域留白。

■ PG39　■ PG40　■ PG41

受射灯照射的墙面光晕效果绘制方法如下。

①先用中性笔画出代表墙面的边框，再用与墙面固有色一致的马克笔以弧线画出光晕区域的轮廓。

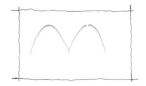

②继续用与墙面固有色一致的马克笔涂满墙面，光晕区域留白。

使用细笔触过渡。

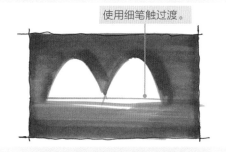

③用与墙面固有色属于同一色系但颜色较浅的马克笔以扫笔法着色，实现墙面固有色与留白区域的过渡。

建议选择比固有色亮两级的颜色作为过渡色。例如，如果墙面固有色选择用 PG40 号马克笔着色，那么过渡色选择用 PG38 号马克笔着色为佳。

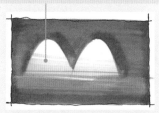

④使用土黄色彩色铅笔为过渡区着色，增强光感，光晕顶部区域留白。

04 根据受光规律，使用 NG276、NG278、NG279 号马克笔为部分吊顶、落地窗所在的墙面、窗框、左侧吧台、右侧金属落地灯着色。

使用 NG276、NG278 号马克笔以搓笔法逐层叠色。

使用 NG278 号马克笔着色。

使用 NG276 号马克笔着色。

使用 NG279 号马克笔着色。

使用 NG276 号马克笔为吧台顶平面着色，用 NG278 和 NG279 号马克笔为吧台暗面着色。

灯头暗部使用 NG278 和 NG279 号马克笔着色，高光处留白，灯架使用 NG279 号马克笔着色。

▨ NG276　▨ NG278　▨ NG279

05 根据受光规律，使用 BG85 号马克笔为餐桌腿反光部分着色，使用 BG85、BG86、BG88 号马克笔为画面中的蓝灰色墙体和蓝灰色地毯着色。

使用 BG85 号马克笔着色。

使用 BG88 号马克笔着色，先平铺再以竖向排笔法叠色。

使用 BG86 号马克笔着色。

使用 BG85、BG86、BG88 号马克笔逐层叠色，强调地毯质感，地毯左上角受光区留白，沙发和茶几在地毯上的投影用 BG88 号马克笔着色。

▨ BG85　▨ BG86　▨ BG88

06 根据受光规律，使用 NG278、NG279 号马克笔为餐厅区域的灰色吊顶着色，使用 NG278 号马克笔为餐桌腿上的投影及落地窗边的休闲椅着色。

使用 NG278 号马克笔着色。

使用 NG279 号马克笔着色，先平铺再以竖向排笔法叠色。

使用 NG278 号马克笔着色，亮部要留白。

■ NG278　■ NG279

07 根据受光规律，使用 PG39 号马克笔为剩余的吊顶侧立面、落地窗窗口、休闲椅靠枕着色；使用 PG40 号马克笔为餐厅吊顶的线状构件投影、画面中部墙面侧立面及装饰画在墙面的投影着色；使用 PG39 和 PG40 号马克笔为沙发侧立面逐层叠色。

使用 PG40 号马克笔着色。

使用 PG40 号马克笔以排笔法着色。

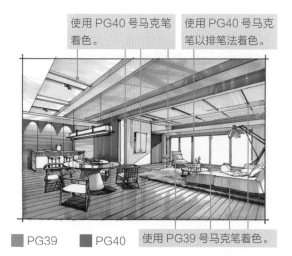

■ PG39　■ PG40

使用 PG39 号马克笔着色。

08 根据受光规律，使用 182、B240、BG84 号马克笔为墙上装饰画逐层叠色，使用 NG279 号马克笔为装饰画暗部着色，使用 B240、GG64 号马克笔为茶几上的植物装饰着色，使用 GG64 号马克笔为画面右侧地面上的陶罐暗部和沙发立面右

侧反光部分着色，使用 NG278、NG279 号马克笔为沙发上的靠枕和小毯子着色。

使用 182、B240、BG84 号马克笔逐层叠色。

使用 NG278、NG279 号马克笔着色。

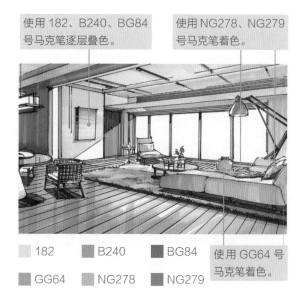

■ 182　　■ B240　　■ BG84
■ GG64　　■ NG278　　■ NG279

使用 GG64 号马克笔着色。

09 根据受光规律，使用 NG278 和 NG279 号马克笔为餐椅座面着色，使用 NG278、NG279、NG280 号马克笔为餐椅的扶手、椅腿着色，使用 NG278 和 NG279 号马克笔为餐桌上的装饰盘着色，使用 NG279 号马克笔加重右侧休闲椅和茶几的暗部，使用 E174 和 E168 号马克笔以竖向笔触为餐桌桌面着色，使用 E168 号马克笔为吧台椅、茶几上的花瓶着色。

在 E174 号马克笔颜色基础上，用 E168 号马克笔以竖向笔触叠色，体现反光感。

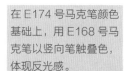

使用 NG278、NG279 号马克笔着色。

使用 NG280 号马克笔着色。

使用 NG279 号马克笔着色。

使用 NG278 号马克笔着色。

■ NG278　　■ NG279　　■ NG280　　■ E174
■ E168

10 根据受光规律，使用 V125 号马克笔为吧台下部背板着色，使用 BG86 号马克笔为吧台上的陈设品和餐椅坐垫着色，使用 BG107 号马克笔为餐桌、餐椅、吧台的投影着色，用 BG107 号马克笔为餐桌上装饰盘暗部的最深处着色，用 E169 号马克笔为餐桌装饰盘上的陈设物着色，用 NG279 号马克笔为陈设物在装饰盘上的投影着色，用 YG264 号马克笔为餐桌桌面的侧立面叠色，用 E246 号马克笔为吊灯灯身着色，用 NG279 号马克笔为吊灯金属框着色。

使用 E169 号马克笔着色。

使用 BG86 号马克笔着色。

使用 BG107 号马克笔着色。

使用 NG279 号马克笔着色。

使用 NG279 号马克笔为投影着色。

使用 BG86 号马克笔着色。

使用 V125 号马克笔着色。

■ V125　■ BG86　■ BG107　■ E169

■ YG264　■ E246　■ NG279

11 根据受光规律，使用 V125 号马克笔为沙发上的小毯子和休闲椅左侧角几上的球形陈设品着色；使用 E246 号马克笔为沙发上的黄色抱枕、落地灯灯罩内壁着色；使用 YG264 号马克笔为休闲椅在地面上的投影着色；使用 NG280 号马克笔为休闲椅的椅腿、休闲椅左侧的角几着色，再用该马克笔为落地灯灯罩的明暗交界线和灯身加重颜色。

使用 V125 号马克笔着色。

使用 NG280 号马克笔加重。

使用 YG264 号马克笔着色。

使用 E246 号马克笔着色。

■ V125　■ E246　■ YG264　■ NG280

12 根据受光规律，使用 BG85 号马克笔以斜向搓笔法为落地窗外天空着色，使用 BG85、BG95 号马克笔为挂画墙左侧的带状装饰玻璃着色。

使用 BG95 号马克笔着色。

左半部分多留白，营造自然光感。

使用 BG85 号马克笔着色。

■ BG85　■ BG95

13 根据受光规律，使用 YG264 号马克笔以斜向扫笔法加深木地板前景色，使用 NG278 号马克笔为客厅吊顶侧立面的玻璃饰面添加笔触，体现玻璃材质的反光感，用 NG280 号马克笔细笔头为落地灯灯罩的暗部丰富笔触。

使用 NG278 号马克笔着色。

使用 YG264 号马克笔着色。

使用 NG280 号马克笔着色。

■ YG264　■ NG278　■ NG280

● 调整画面

01 根据受光规律，使用熟褐色彩色铅笔以横排线的方式加强餐厅吊顶的凹槽部分，使用柠檬黄色彩色铅笔为灯槽的光晕和餐厅吊灯底面的中心部分着色。

02 使用熟褐色与赭石色彩色铅笔加强客厅的吊顶和墙面层次感，使用熟褐色与土黄色彩色铅笔加强木地板层次感，使用熟褐色彩色铅笔以排线柔化沙发暗部层次，使用土黄色彩色铅笔绘制客厅吊顶玻璃镜上方的光晕，使用土黄色彩色铅笔为落地灯灯芯及该灯在沙发和陶罐上的光照效果着色。

使用土黄色彩色铅笔着色。

使用土黄色彩色铅笔着色。

使用熟褐色彩色铅笔着色。

使用熟褐色彩色铅笔柔化沙发暗面马克笔颜色层次。

03 使用群青色和熟褐色彩色铅笔加强餐厅吊顶灰色部分的层次，使用熟褐色彩色铅笔加强餐厅吧台背板及其后方墙面的颜色层次，使用土黄色彩色铅笔加强吧台后方墙面光晕区域的颜色层次，使用湖蓝色彩色铅笔加强画面中部挂画墙左侧的带状装饰玻璃颜色层次。

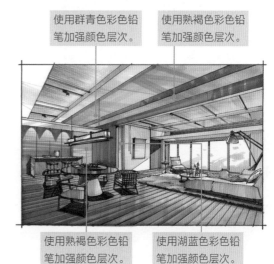

使用群青色彩色铅笔加强颜色层次。

使用熟褐色彩色铅笔加强颜色层次。

使用熟褐色彩色铅笔加强颜色层次。

使用湖蓝色彩色铅笔加强颜色层次。

04 根据受光规律，使用高光笔绘制餐椅、餐桌、桌面陈设品、吊灯框架、吧台的高光，增强精致感。

结构转折处的高光线务必光滑、流畅、清晰。

用高光笔绘制地毯上的白色纹理。

使用修正液以涂抹法加强吊顶处玻璃镜的反光感。

05 根据受光规律，使用高光笔绘制地毯、沙发、沙发上的小毯子、茶几、茶几上的花瓶、落地灯、陶罐等物体的高光，用高光笔绘制地毯上的白色纹理。使用修正液以涂抹法加强吊顶处玻璃镜的反光感。

06 根据受光规律，使用高光笔以直线绘制自然光透过落地窗照射进室内的光线和玻璃镜的高光线，再用高光笔以点笔法为镜面、吊顶添加少许圆形光斑，活跃画面。

07 根据受光规律，使用高光笔以直线绘制吊顶、墙体、木地板拼缝线的高光，完成最终效果图。

2022.10.8

9.2 本讲小结

本讲介绍了客厅空间室内效果图的马克笔手绘表现技法，读者应重点掌握根据两点透视规律进行室内空间手绘的起稿流程、着色方法及使用综合技法刻画物体光影和质感的技巧。课下还需进一步拓展其他类型小场景空间的室内效果图手绘表现，做足量的积累，熟练掌握表现技法。

9.3 本讲作业

本讲作业在客厅空间室内效果图示范的基础上，进一步丰富小场景空间室内效果图的题材，引导读者进行广泛练习。大家在做作业时，需要先观察分析，再着手绘制，做到意在笔先，逐步提高环艺设计手绘的自学、自析、自创能力。

本讲作业要求参考下面提供的案例绘制小场景空间室内效果图，幅面 A4，大家也可以自行寻找素材绘制。

更多训练案例参见配书资源。

第 10 讲

中场景空间室内效果图马克笔表现训练

在学习了小场景空间室内效果图马克笔表现的基础上，我们继续挑战难度较高的中场景空间室内效果图马克笔手绘。

学习目标

本讲以办公空间为例，讲解中场景空间室内效果图从效果分析到绘制线稿，再到马克笔上色，直至调整画面、完成最终效果图的全流程。

学习重点

重点掌握办公空间室内效果图的起稿和着色方法，要特别注意两点透视室内效果图的造型方法，以及室内空间中各界面、家具、陈设在结构、光影、质感等方面的表现。

10.1 办公空间效果图马克笔表现

效果分析

本节以办公空间效果图为例，讲解中场景空间马克笔手绘效果图的方法，该场景为两点透视，包括天花板、墙面、地面、办公家具、玻璃隔断、电脑、陈设品等多种表现内容，手绘时不仅要表现出办公空间的规整感和紧凑感，还要注意物体表面光滑质感的刻画。

使用工具　铅笔、签字笔、中性笔、马克笔、彩色铅笔、高光笔、修正液、直尺等。

绘制线稿

01 参照范图，建议选用 A4 幅面的手绘纸。在距纸张底边约 2/5 垂直高度的地方，用铅笔定位出视平线的位置，该图为两点透视，将灭点 O 和 O' 分别定位在画面左右两侧的视平线上。在画面左右两侧留出一定的边框空白，用铅笔以短竖线标记。根据两点透视规律，用铅笔按照比例画出空间框架。

注意

本讲铅笔起稿的步骤可用直尺辅助绘制。

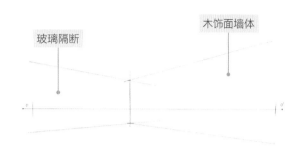
玻璃隔断　　　　　木饰面墙体

02 根据两点透视规律，画出空间结构的大致轮廓、办公家具在地面的正投影轮廓及画面的边框线。

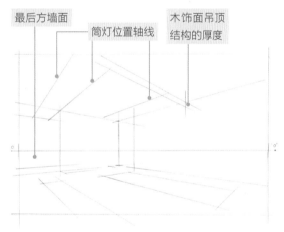
最后方墙面　　筒灯位置轴线　　木饰面吊顶结构的厚度

03 根据两点透视规律，用铅笔绘制地面上两排办公家具和最后方墙面柜子的基本轮廓。

过办公家具地面正投影的角点，根据垂直线将其高度提升，并按比例截取家具的高度绘制长方体，形成两排办公家具的基本轮廓。
墙面立柜

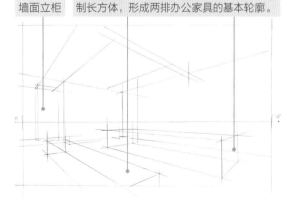

04 根据两点透视规律，用铅笔以直线按比例绘制办公桌椅的基本结构。

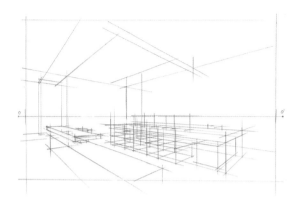

下面讲解整排座椅的绘制方法。
①根据两点透视规律，用铅笔绘制整排座椅的正投影矩形。

②过正投影矩形的角点，用铅笔以垂直线将其高度提升。

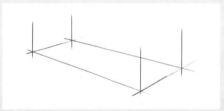

③根据两点透视规律，用铅笔统一绘制三把座椅的轮廓。

所有结构对齐的透视线都应该一笔连出。

④用中性笔绘制三把座椅的结构。

如果铅笔稿的轮廓过长，可在加墨线时调整一下比例。

⑤完成整排三把座椅的绘制。

05 根据两点透视规律，用铅笔以直线进一步绘制该空间墙面和吊顶的装饰，绘制条形吊灯，细化各家具及玻璃隔断的结构。

条形吊灯　　　　　条形吊灯

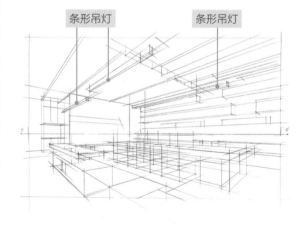

06 根据两点透视规律，按照由近及远的顺序使用 0.5mm 签字笔绘制天花板装饰、条形吊灯、墙面装饰、摆件等结构。

注意画出装饰结构与天花板的高度差。　注意画出装饰结构与墙面的厚度差。

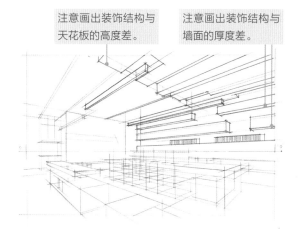

07 根据两点透视规律，使用 0.5mm 签字笔详细绘制吧台、办公桌、座椅、天花板木饰面造型及右侧木饰面造型墙的结构。

吧台

08 根据两点透视规律，使用 0.5mm 签字笔绘制画面中所有的结构线，擦去铅笔辅助线，获得完整清晰的线稿。

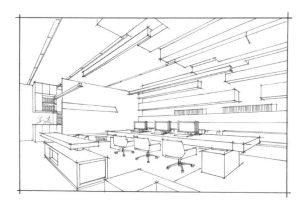

09 设置画面顶部吊灯为光源位置，在该光源下所有物体顶平面为亮面，迎向光照方向的立面为灰面，背向光照方向的立面为暗面。根据受光规律，使用中性笔以排线法绘制办公家具的投影。

绘制办公桌椅的正投影。

用中性笔绘制反光。　用中性笔加重桌面暗部。

马克笔上色

01 根据受光规律，使用 191 号马克笔为各办公桌椅、柜子结构暗部和投影颜色的最深处"卡黑"，再用该马克笔为画面中具有反光质感的条形结构适当"卡黑"，增强画面对比关系。

增强金属质感。　暗部适当加重。

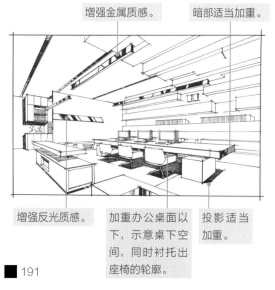

增强反光质感。　加重办公桌面以下，示意桌下空间，同时衬托出座椅的轮廓。　投影适当加重。

■ 191

02 使用 NG276 号马克笔为天花板的白色部分着色，根据受光规律，再用该马克笔为白色办公家具的亮部和灰部着色。

注意 该步骤的主要目的是用浅色铺大色调，运笔要大胆、流畅，不要拘泥于细节，多注意留白。

为较亮区域留白。

高光部分留白。

■ NG276

03 根据受光规律，使用 BG86、BG85、PG38 号马克笔为白色办公家具的暗部着色，用 BG86 号马克笔为电脑显示器的屏幕着色，用 PG40 号马克笔为左侧白色吧台台面的投影着色，用 182 号马克笔以扫笔法为最前方白色家具的亮部补色。

用 BG85 号马克笔为反光部分着色。

用 PG40 号马克笔着色。

用 PG38 号马克笔着色。

用 BG86 号马克笔为暗部着色。

用 182 号马克笔为亮部补色。

用 BG86 号马克笔为暗部着色。

用 PG38 号马克笔为反光部分着色。

■ BG86　　■ BG85

■ PG38　　■ PG40　　■ 182

04 根据受光规律，使用 NG279 号马克笔为深灰色地板铺满颜色，用 PG39、PG40、PG41 号马克笔绘制出左侧吧台凹槽处明暗和投影关系，用 PG41 号马克笔加重该吧台台面的投影，用 PG39 号、PG41 号马克笔绘制玻璃隔断下方矮柜凹槽处的明暗和投影关系，用 PG39 号、PG41 号马克笔为前方暖灰色反光材质着色。

用 PG41 号马克笔着色。

用 PG39 号马克笔着色。

用 PG40 号马克笔着色。

用 PG41 号马克笔着色。

用 PG39 和 PG41 号马克笔着色。

■ NG279　　■ PG39　　■ PG40　　■ PG41

05 根据受光规律，使用 E246 号马克笔绘制桌面亮部和灰部颜色，继续使用该马克笔为天花板木饰面造型部分的亮面（底面）铺色，使用 182 号、183 号马克笔为画面右侧木饰面造型墙着色。

木饰面吊顶造型较高位置的底面，用 E246 号马克笔叠色，加重铺满。

马克笔排笔方向要一致，木饰面造型底面保持流畅的笔触，并适当留白即可。

木饰面造型凸出的体块用 182 号马克笔着色，凹进去的墙面用 183 号马克笔着色。

■ E246　　■ 182　　■ 183

06 根据受光规律，使用 E246 号马克笔以斜向搓笔法加重木饰面墙体凸起体块的右立面，注意控制留白，使颜色过渡更加自然，增强木饰面的光泽感，再用该马克笔为吧台右立面的灯箱着色。

■ E246　使用 E246 号马克笔着色。

07 根据受光规律，使用 E247 号马克笔为办公桌桌面和左立面着色，用 183 号马克笔为天花板木饰面造型部分的左立面着色，再用 YG264 号马克笔以斜向排笔法加重，丰富层次感。用 YG264 号马克笔为所有木饰面造型和办公桌木制桌面的右立面着色，使用 GG64 号马克笔为画面右侧木饰面造型墙上的投影着色。

YG264 号马克笔的斜向排笔笔触自右向左逐渐变疏。

使用 E247 号马克笔以纵向笔触绘制桌面上物体的反射倒影。　　使用 GG64 号马克笔绘制投影。

■ E247　■ 183　■ YG264　■ GG64

08 根据受光规律，使用 BG95、BG97 号马克笔为左侧玻璃隔断着色，使用 R143、R144、YG26 号马克笔为办公椅着色。

先用 BG95 号马克笔为玻璃隔断铺色，光晕区域要留白。

再用 BG97 号马克笔以横向排笔为玻璃隔断叠色，丰富层次感。　　使用 YG26 号马克笔为座椅内部靠背和坐垫着色。

■ BG95　■ BG97　■ R143　■ R144　■ YG26

09 根据受光规律，使用 PG38 和 PG39 号马克笔为画面右下角较亮的地面着色，使用 PG39 号马克笔为画面右侧木饰面造型墙内凹的立面着色，用 B240 号马克笔为画面右下角的蓝色坐垫着色，用 BG85 号马克笔为木饰面造型墙上摆放的书籍着色，用 E124 号马克笔以斜向笔触为玻璃隔断下方矮柜立面叠色，用 GG64 号马克笔为天花板木饰面造型的部分左立面着色及叠色，使色彩层次过渡更加柔和。

使用 PG39 号马克笔为凹槽下半部分叠色，上半部分留出光晕区域。

■ PG38　■ PG39

■ B240　■ BG85　■ E124　■ GG64

10 根据受光规律，使用 NG280 号马克笔为办公桌椅在地面上的投影区域着色，并用该马克笔为灯具和电脑显示器的边框着色，使用 BG107 号马克笔为画面左侧吧台在地面上的投影区域和办公椅的不锈钢旋转支架着色。

使用 BG107 号马克笔为投影着色。

使用 BG107 号马克笔以点笔法，绘制不锈钢支架对深色地面的反光。

■ NG280　■ BG107

11 根据受光规律，使用 NG278 号马克笔为画面左侧墙面上的高柜暗面着色，亮面适当以横向排笔法叠色，再用该马克笔为画面左侧的吧台、前景矮柜、第二排显示器着色，使用 PG40、PG41 号马克笔为左侧最后方的墙面逐层叠色，从上到下由浅至深。

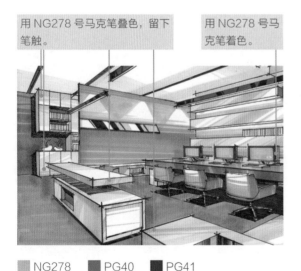

用 NG278 号马克笔叠色，留下笔触。

用 NG278 号马克笔着色。

■ NG278　■ PG40　■ PG41

12 根据受光规律，使用 R143 号马克笔为画面左侧高柜上放置的花瓶着色，用 BG85 号马克笔为高柜上放置的书籍着色，使用 R140 号马

克笔为玻璃隔断上的红色装饰带着色，用 PG39 和 GG66 号马克笔为玻璃隔断的下部叠色，用 GG66 号马克笔为深灰色地板叠色，丰富其层次感。

用 PG39 和 GG66 号马克笔为玻璃隔断的下部叠色，可使玻璃与矮柜色彩衔接得更自然，并且营造一定的空间感，同时还能表现出玻璃隔断对其后面空间的折射效果。

■ R143　□ BG85　■ R140　■ PG39　■ GG66

13 使用 BG88 号马克笔以点笔法为深灰色地板绘制颗粒状肌理，再使用该马克笔在玻璃隔断下方绘制隔断后面空间中的办公家具，然后使用该马克笔的细笔头绘制木饰面造型墙上摆放书籍的封面"N"字图案。用 NG278 号马克笔为天花板的白色部分叠色，再用该笔以斜向扫笔为画面右下角较亮的地面和其上的白色家具立面叠色，体现柜面的光泽感。

用 BG88 号马克笔绘制玻璃隔断后面空间摆放的办公家具，剪影示意即可，无须刻画细节。

■ BG88　■ NG278

调整画面

01 根据受光规律，采用排线的方式调整画面。使用黄褐色彩色铅笔加强木饰面吊顶和墙面的层次感，使用赭石色彩色铅笔以竖向排线的方式加强木制桌面反光的层次感，使用黄褐色彩色铅笔加强白色办公家具顶平面的层次感，使用赭石色彩色铅笔加强画面右下角较亮地面的层次感，使用熟褐色彩色铅笔加强木制办公桌右下角白色矮柜暗面反光部分的层次，使用群青色彩色铅笔加强电脑显示器的层次感，使用深红色彩色铅笔加强红色座椅暗部的层次感。

使用熟褐色彩色铅笔加强。

使用黄褐色彩色铅笔加强。

02 使用柠檬黄色彩色铅笔绘制木饰面吊顶和墙体上灯槽、灯带产生的光晕，使用土黄色彩色铅笔为条形吊灯的光源着色，使用黄褐色彩色铅笔加强玻璃隔断上光晕区域的层次感，使用朱砂红色彩色铅笔加强红色座椅靠背外侧亮面的层次感。

使用黄褐色彩色铅笔加强光晕区域下部，顶部留白。

03 使用熟褐色彩色铅笔以排笔法为天花板白色区域的留白处着色，使天花板颜色过渡更为柔和，使用紫色彩色铅笔加强白色吧台、矮柜暗部的层次感，使用熟褐色彩色铅笔加强左侧靠墙高柜立面的层次感，使用湖蓝色彩色铅笔加强玻璃隔断立面的层次感，使用朱砂红色彩色铅笔在前景矮柜的平面上绘制红色座椅的反射效果。

用朱砂红色彩色铅笔绘制红色座椅的反射效果。

04 根据受光关系，使用高光笔绘制画面中木饰面吊顶、造型墙、玻璃隔断、办公家具的高光，使画面细节更加深入。

注意 可以用直尺辅助绘制长直高光线，使高光线条更加流畅、清晰。

05 用高光笔绘制条形吊灯左立面的高光，并绘制木饰面造型墙体上的灯带光亮处。用修正液以点笔法绘制吊顶中黑色槽内的筒灯及条形吊灯光源处的高光。

用修正液绘制椭圆
形白点，示意筒灯。

用高光笔绘制灯带
的高光区域。

06 用高光笔点缀深灰色地板颗粒状肌理的高光，再用修正液以点笔法为木饰面和办公桌面点缀反射光斑，活跃画面。完成最终效果图。

10.2 本讲小结

本讲介绍了办公空间室内效果图的马克笔手绘表现技法，读者应重点掌握根据两点透视规律进行室内空间手绘的起稿流程、着色方法及使用综合技法刻画物体质感的技巧。课下还需进一步拓展其他类型中场景空间的室内效果图手绘表现，做足量的积累，全面熟练表现技法。

10.3 本讲作业

　　本讲作业在办公空间室内效果图示范的基础上，进一步丰富中场景空间室内效果图的题材，引导读者进行广泛的练习。大家在做作业时，需要先观察分析，再着手绘制，做到意在笔先，逐步提高环艺设计手绘的自学、自析、自创能力。

　　本讲作业要求参考下面提供的案例绘制中场景空间室内效果图，幅面 A4，大家也可以自行寻找素材绘制。

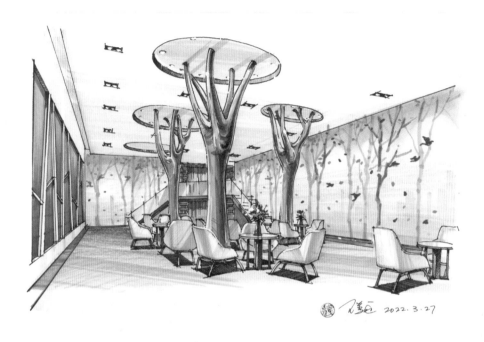

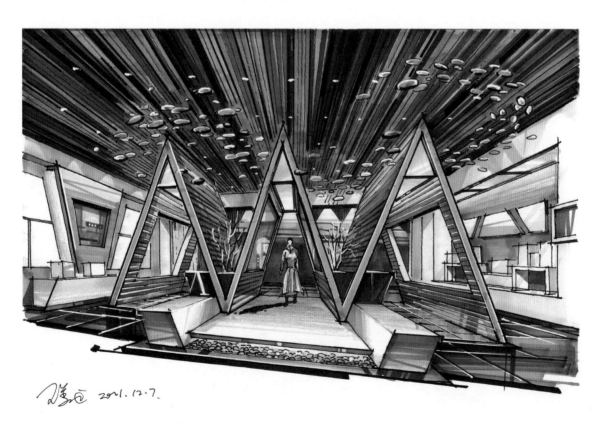

更多训练案例参见配书资源。

第 11 讲

大场景空间室内效果图马克笔表现训练

在学习了中场景空间室内效果图马克笔表现的基础上，我们继续挑战综合性更强、难度更大的大场景空间室内效果图马克笔手绘。

学习目标

本讲以大堂为例，讲解大场景空间室内效果图从效果分析到绘制线稿，再到马克笔上色，直至调整画面、完成最终效果图的全流程。

学习重点

重点掌握大堂室内效果图的起稿和着色方法，要特别注意大场景室内空间中各界面、立柱、二层平台、家具、景观小品、陈设的比例关系，结构与光影的表现，以及使用综合技法刻画材料质感和突出空间通透感的技巧。

11.1 大堂效果图马克笔表现

● 效果分析

本节以大堂效果图为例，讲解大场景空间马克笔手绘效果图的方法，该场景为一点透视，包括各界面、立柱、二层平台、玻璃天窗、家具、灯饰、景观小品、陈设等多项表现内容，手绘时不仅要表现出大堂的开阔感，还要注意质感和光影的刻画。

使用工具 铅笔、中性笔、马克笔、彩色铅笔、高光笔、修正液、直尺等。

● 绘制线稿

01 建议选用 A4 幅面的手绘纸。在纸张略高于 1/3 垂直高度的地方，用铅笔定位出视平线的位置，该图为一点透视，将灭点 O 定位在画面中心偏右的位置。之后，在画面左右两侧留出一定的边框空白，用铅笔以短竖线标记。根据一点透视规律，用铅笔按照比例先画出大堂最后方的墙面，再画出顶面、地面及两侧的四根立柱。

 注意 该室内空间高度约为 8 米，视平线距离地面高度约为 1 米，绘制空间最后方墙面的高度时应注意比例关系。本讲铅笔起稿的步骤可用直尺辅助绘制。

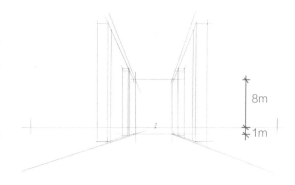

02 根据一点透视规律，用铅笔以直线画出该空间各部分结构的主要轮廓。

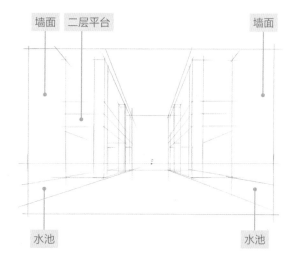

03 根据一点透视规律，用铅笔以直线绘制坡顶玻璃天窗的主要轮廓。

绘制玻璃天窗时可先画出内侧五边形立面，再根据一点透视规律，连接相应的顶点和中点来绘制天窗进深方向的结构线。

04 根据一点透视规律，用铅笔以直线绘制室内灯饰、家具、陈设、水景的主要轮廓线。

使用分段长方体绘制顶部吊灯的框架线，以约束吊灯的体量范围。

05 根据一点透视规律，用铅笔以弧线绘制顶部曲线型吊灯的主要轮廓。

先画出吊灯的曲线型底边，再用直线增加其厚度。

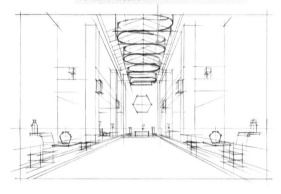

06 根据一点透视规律，使用中性笔绘制吊灯和坡顶玻璃天窗的详细结构。

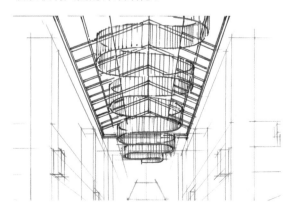

07 根据一点透视规律，使用中性笔绘制画面中物体的详细结构。用橡皮擦去铅笔底稿，获得完整清晰的场景线稿。

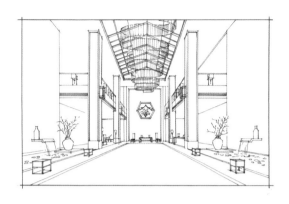

08 设置画面顶部吊灯为光源位置，在该光源下所有物体顶平面为亮面，画面左半部分物体的右立面为灰面，正立面为暗面，画面右半部分物体的左立面为灰面，正立面为暗面。根据受光关系，使用中性笔以排线法绘制画面左右两侧喷水口及花瓶的投影。绘制画面中央地面铺装的反射线，细化花瓶后方玻璃的窗框结构，为二层平台底部添加筒灯。

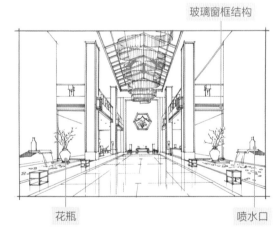

玻璃窗框结构

花瓶　　　　　　　喷水口

● **马克笔上色**

01 根据受光规律，使用 191 号马克笔或黑色点柱笔为画面中具有反光质感的条形结构适当"卡黑"，增强画面对比关系。

带有反光质感的条形结构，需两端加重颜色且靠线整齐，中部适当留白或加重。

■ 191

投影少量加重。

用 GG63 号马克笔着色。　　用 183 号马克笔着色。

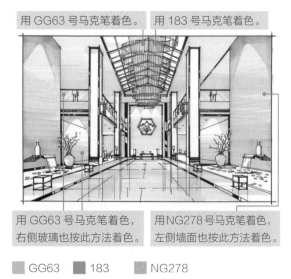

用 GG63 号马克笔着色，右侧玻璃也按此方法着色。　　用 NG278 号马克笔着色，左侧墙面也按此方法着色。

■ GG63　　■ 183　　■ NG278

02 该场景为灰色调空间，使用 PG38 号马克笔以横向排笔法从上至下为整个空间铺色。

为光晕区域留白。　　局部用搓笔法叠色加重，丰富层次。

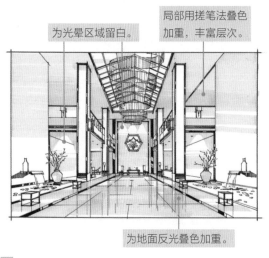

为地面反光叠色加重。

■ PG38

03 使用 GG63 号马克笔为二层平台的围栏玻璃正立面和其下花瓶后方的玻璃窗下半部分着色，使用 GG63 和 183 号马克笔分别为吊顶中部的左右天花板着色，使用 NG278 号马克笔为画面左右墙面着色。

注意　　光晕区域保持留白。

04 使用 PG39 号马克笔为顶面和墙面加重层次，并为地面铺装叠色，使用 E124 和 PG39 号马克笔为最后方背景墙着色。

先用 E124 号马克笔以横向排笔法为背景墙中下部铺色，再用 PG39 号马克笔的细笔头画横线加强墙面石材的纹理感。

用 PG39 号马克笔着色，右侧对称部分也按此方法着色。　　使用 PG39 号马克笔为地面叠色时，适当留出反光区。

■ PG39　　■ E124

05 根据受光规律，为四根立柱着色，注意柱子正立面的光晕区域需留白。使用 182 号马克笔为四根立柱的左右立面（亮面）着色，用 PG38 号马克笔为四根立柱的正立面（暗面）着色。使用 NG278 号马克笔以排笔法为靠前的两根立柱的正立面叠色，用 BG85 号马克笔以排笔法为靠后的两根立柱的正立面叠色，用 PG39 号马克笔以排笔法为中间吊顶的右侧叠色。

号马克笔为喷水口的左立面着色，喷水口顶平面留白，用 PG41 号马克笔为喷水口的正立面着色，用 BG88 号马克笔为喷水口在墙面上的投影着色。使用 G56 号马克笔为水池铺满颜色，用 BG84 号马克笔以扫笔法为喷水口喷出的落水着色，再用该马克笔以圈笔法为水池水面叠色，用 BG88 号马克笔为落水的暗部和水池中各物体的投影着色。

注意 画面右下角的水景也用与本步骤相同的方法着色。

用 BG84 号马克笔为水面着色时，要圈形运笔，适当留出 G56 号马克笔的底色。

| ■ PG38 | ■ BG86 | ■ PG40 | ■ PG41 |
| ■ BG88 | ■ G56 | ■ BG84 | |

08 根据受光规律，使用 E246 号马克笔为灯具着色，用 E246、E174、V125 号马克笔为中间背景墙悬挂的装饰画着色，用 V125 号马克笔为左侧座椅和右侧吧台着色，用 BG86 号马克笔为左侧空间的地面和中间两把座椅着色，使用 BG85 号马克笔为二层平台围栏玻璃的左右立面着色，用 YG264 号马克笔为装饰画的投影着色。

用 NG278 号马克笔着色。   **用 PG39 号马克笔着色。**

用 182 号马克笔着色。   **用 BG85 号马克笔着色。**

| ■ 182 | ■ PG38 | ■ NG2/8 | ■ BG85 | ■ PG39 |

06 使用 NG279 号马克笔为四根立柱的左右立面装饰带及其地面倒影着色，用 GG64、GG66、PG40 号马克笔以扫笔法为中部地面着色，体现地砖的反光感。

用 PG40 号马克笔着色。   **用 GG64 号马克笔着色。**

用 GG66 号马克笔着色。   **用 NG279 号马克笔着色。**

| ■ NG279 | ■ GG64 | ■ GG66 | ■ PG40 |

07 根据受光规律，为画面左下角的水景着色。使用 PG38 号马克笔为花瓶的亮部着色，用 BG86 号马克笔为花瓶的暗部着色，用 PG40 号马克笔为花瓶的明暗交界线着色。使用 PG38

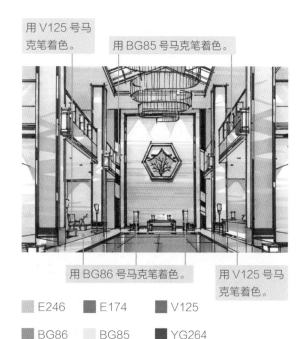

用 V125 号马克笔着色。
用 BG85 号马克笔着色。
用 BG86 号马克笔着色。
用 V125 号马克笔着色。

■ E246　■ E174　■ V125
■ BG86　■ BG85　■ YG264

09 使用 BV192、BG84、BG107 号马克笔，以排笔法从后往前依次为顶部的玻璃天窗叠色，用 BG107 号马克笔以圈笔法加重左右水池的水面，丰富层次感。

用 BV192 号马克笔着色。
用 BG107 号马克笔着色。
用 BG84 号马克笔着色。
用 BG107 号马克笔以圈笔法着色。

■ BV192　■ BG84　■ BG107

10 根据受光规律，使用 Y3 号马克笔为场景中的灯具着色。使用 NG280 号马克笔为立柱正面的装饰带、花瓶后面玻璃的深灰色边框、中部背景墙上的深灰色装饰带、中间吊顶和天窗的钢架结构、地面灯具的金属构架、地面上的深灰色收边带、中间地面铺装上的深色反光着色。

■ Y3　■ NG280

11 根据受光规律，使用 183 和 YG264 号马克笔，为红色框内墙面着色；使用 E132 号马克笔为左右二层平台的楼板正立面着色，使用 YG264 号马克笔为该立面上的排风口着色；使用 YG264 号马克笔为中间地面铺装加重，追求更强的反光效果。

先用 183 号马克笔满铺，再用 YG264 号马克笔以排笔法加重。

先用 E132 号马克笔快速满铺立面，再用该马克笔以排笔法加重。

■ 183　■ YG264　■ E132

12 根据受光规律，使用 BG85 和 BG86 号马克笔为花瓶后面的玻璃绘制曲线装饰图案；使用 GG64 和 NG279 号马克笔为左侧墙面绘制曲线装饰图案，使用 NG279 号马克笔绘制该墙面上的枝干投影；使用 RV216 号马克笔为水面上的碎花瓣着色。

注意 玻璃和墙面上的曲线图案寓意远山，画面右下角的水景也用与本步骤相同的方法绘制。

先用 BG85 号马克笔绘制曲线图形，再用 BG86 号马克笔加重局部，注意光晕区域的图案不要用 BG86 号马克笔叠色。

先用 GG64 号马克笔绘制曲线图形，再用 NG279 号马克笔加重局部，注意墙面与左侧玻璃的曲线图案应在结构上适当衔接。

BG85 ■ BG86 ■ GG64 ■ NG279 ■ RV216

13 根据受光规律，使用 Y5 号马克笔以排笔法为场景中灯具的暗部着色。使用 E246、BG84、PG39、V125、E132 号马克笔以扫笔法为中部深色石材地面的各种反光着色。

注意

可以相对自由地使用 PG39、V125、E132 号马克笔着色，要避免颜色叠加导致出现脏色的现象。

用 E246 号马克笔叠色，体现对吊灯灯光的反光。

用 BG84 号马克笔叠色，体现对玻璃吊顶颜色的反光。

■ Y5　　■ E246　　■ BG84　　■ PG39

■ V125　　■ E132

● **调整画面**

01 采用排线的方式调整画面。使用熟褐色彩色铅笔加强天花板和最后方背景墙的层次感，使用群青色彩色铅笔加强两侧墙面和四根立柱的暗部，用群青色和紫色彩色铅笔以竖向排线法加强中部玻璃天窗的层次感。

使用群青色彩色铅笔加强。　　使用紫色彩色铅笔加强。

使用熟褐色彩色铅笔加强层次感。　　使用熟褐色彩色铅笔加强。

02 使用土黄色、黄褐色、赭石色彩色铅笔加强柱子和墙体立面光晕区域的层次感，使用群青色、熟褐色、土黄色、赭石色、湖蓝色彩色铅笔加强地面的层次感，用赭石色彩色铅笔以斜向排线的方式加强二层平台正立面的层次感，用柠檬黄色彩色铅笔为小型灯具添加光晕效果。

背景墙上半部分使用土黄色、黄褐色彩色铅笔加强光感，下半部分使用赭石色彩色铅笔以横向排线的方式刻画石材肌理感。

用柠檬黄色彩色铅笔为小型灯具添加光晕。

03 使用群青色彩色铅笔加强花瓶暗部、墙面和玻璃上的曲线图案、水池水面的层次，刻画质感。使用赭石色彩色铅笔加强花瓶亮部层次。

注意 画面右下角的水景也用与本步骤相同的方法着色。

 05 根据受光关系，使用高光笔绘制画面右侧水景、立柱、二层平台的高光，使画面细节更加深入。

04 根据受光关系，使用高光笔绘制中部深色铺地接缝线处的高光，并以横向线条绘制背景墙的石材纹理，增强质感。使用修正液以点笔法绘制中部深色铺地和背景墙材质的光斑，活跃画面。

用高光笔勾勒水纹线，表现波光粼粼的效果。

注意 画面左下角的水景也用与本步骤相同的方法着色。

06 使用高光笔绘制该空间顶部吊灯，用修正液以点笔法绘制天窗玻璃的光斑。根据受光关系，使用熟褐色彩色铅笔绘制立柱在天花板上的投影。

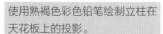

使用熟褐色彩色铅笔绘制立柱在天花板上的投影。

07 用 NG280 号马克笔以扫笔法加重画面左上角和右上角，通过加重画面两侧的前景与画面中部明亮的开敞空间形成强烈对比，突出视觉中心，营造空间的通透感。完成最终效果图。

■ NG280

11.2 本讲小结

本讲介绍了大堂室内效果图的马克笔手绘表现技法，读者应重点掌握起稿流程、着色方法及使用综合技法刻画空间光影和物体质感的技巧。课下还需进一步拓展其他类型大场景空间的室内效果图手绘表现，做足量的积累，全面熟练与巩固表现技法。

11.3 本讲作业

本讲作业在大堂室内效果图示范的基础上，进一步丰富大场景空间室内效果图的题材，引导读者进行广泛的练习。大家在做作业时，需要先观察分析，再着手绘制，做到意在笔先，逐步提高环艺设计手绘的自学、自析、自创能力。

本讲作业要求参考下面提供的案例绘制大场景空间室内效果图，幅面 A3，大家也可以自行寻找素材绘制。

练案例参见配书资源。